RESEARCH ON THE VISUAL AND ESCAPE OF
OFFICE SEAT FORM ELEMENTS

———

办公座椅形态要素的视觉和逸性研究

———

杨 元 著

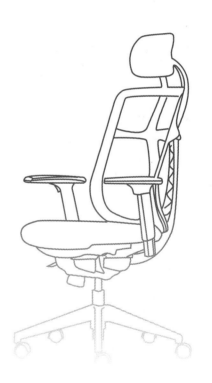

湖南大学出版社·长沙

内容简介

本书中的研究依托认知心理学、感性工学、设计学等相关原理，明确了视觉和逸性的相关原理与评价方法，构建了一套关于办公座椅的视觉和逸性研究理论体系。可供相关专业研究人员、教师、学生参考使用。

图书在版编目（CIP）数据

办公座椅形态要素的视觉和逸性研究 / 杨元著 . — 长沙：湖南大学出版社，2022.3
ISBN 978-7-5667-2315-4

Ⅰ . ①办… Ⅱ . ①杨… Ⅲ . ①办公室—座椅—设计 Ⅳ . ① TS665.5

中国版本图书馆 CIP 数据核字(2021)第 196396 号

办公座椅形态要素的视觉和逸性研究
BANGONG ZUOYI XINGTAI YAOSU DE SHIJUE HEYIXING YANJIU

著　　者：杨　元
责 任 编 辑：汪斯为
印　　装：湖南雅嘉彩色印刷有限公司
开　　本：889 mm×1194 mm　1/20　　　　**印　　张：**9.6　　**字　　数：**256千字
版　　次：2022年3月第1版　　　　　　　　**印　　次：**2022年3月第1次印刷
书　　号：ISBN 978-7-5667-2315-4
定　　价：42.00元

出 版 人：李文邦
出 版 发 行：湖南大学出版社
社　　址：湖南·长沙·岳麓山　　　　　　　**邮　　编：**410082
电　　话：0731-88822559（营销部），88821174（编辑部），88821006（出版部）
传　　真：0731-88822264（总编室）
网　　址：78191223@qq.com
电 子 邮 箱：http://www.hnupress.com

序 一

家具不仅仅是人们日常生活的辅助用品，在它身上还承载了极其丰富的文化内涵。这就是在产品类型日益丰富的今天，家具设计越发受人重视的原因。

既然如此，家具设计研究也应该在产品设计研究领域中独树一帜。

随着知识经济时代的到来，家具设计研究面临着许多新的挑战，意识形态的、社会可持续发展的、新型知识的、生理的、心理的、艺术的、技术的等等。其中产品如何适应用户在不同使用场景下的多维度需求，尤其是以情感体验为主导的感性需求，就是挑战之一。

面临这些挑战，不少从事家具设计研究和实践的学者和设计师在思考、在发声、在尝试。

杨元博士也勇敢的踏出了探索的步伐。她多年来潜心家具设计学、用户研究、设计方法学等多学科理论，综合运用认知心理学、感性工学等领域的理论原理和实验研究手段，对基于用户感性体验的家具造型设计思维和方法等开展了研究和探索，其著作《办公座椅形态要素的视觉和逸性研究》就是其初步研究成果。这对于丰富家具设计理论进而构建中国家具设计学科新的理论体系都具有重要意义。

作为杨元的博士生导师，我有责任鼓励她在相关领域持续开展科研、教学和社会服务工作，并对她的锲而不舍深感欣慰，欣然作序以祝贺。

中南林业科技大学家具与艺术设计学院

教授 博士生导师

刘文金

2021 年 9 月

序 二

椅子，是一种最常见、使用最频繁、最长时，却最难做好的家具；也是一道一直以来考验设计师的经典课题。随便一块木头或石头都可以成为椅子，但是一把"好椅子"却蕴含着太多的设计师的哲学、美学和技术工艺的思考与选择。虽然椅子的基本功能是"坐"，但是，不同坐的方式，可能暗示着不同的生活形式、价值取向、社交方式，正如美国作家、建筑师、社会史家伯纳德·鲁道夫斯形容椅子"不单如同假肢一样是人们身体的延续，它也为人们的精神提供休憩处。椅子在家具中，属于较特别的种类，它们有着……不同的性别和个性。"

椅子，在中国人五千多年文明历史的生活和工作中有着太久的历史，随着人们生产、生活与工作方式的转变，人们对椅子的造型、结构、材料、使用方式等的需求也在不断演变。杨元博士依据认知心理学、感性工学、设计学等相关原理，以"视觉和逸性"为突破口，构建办公座椅的视觉和逸性理论体系，用眼动实验的方法研究用户与座椅之间的关系，为办公座椅的视觉设计提供系统的理论、工具和方法指导，对当前办公座椅的创新设计提供了科学的理论依据。

设计在"是什么"（What is）和"什么是可能的"（What is possible）之间架起了桥梁，设计是区别于科学和艺术的人类的第三种智慧，但设计的研究可以是一种科学行为。《办公座椅形态要素的视觉和逸性研究》一书采用问卷调查、E-prime 软件设计实验，使用事件相关电位技术等科学研究方法与手段，研究办公座椅视觉和逸性的特征及影响因素，通过科学的研究为办公座椅创新的"可能性"提供了方向和依据。基于此，本书为设计学的科学研究提供了典型的案例和示范，为设计对象及其与用户的视觉关系的研究提供了参照和指导。

祝愿这本《办公座椅形态要素的视觉和逸性研究》成为杨元博士设计学研究征程中的新起点和基石！

湖南科技大学建筑与艺术设计学院院长

教授 博士生导师

吴志军

2021 年 9 月

前　言

家具是人类文明与生活实践的产物，是人类日常生活不可缺少的辅助器具。随着文明的发展、社会的进步以及科学技术的不断提升，家具产品的设计与制造从以功能和技术为主，逐渐转向以用户需求和体验为主，家具产品的品类、功能及造型也日益多样化。办公家具作为家具产品的重要组成部分，其概念最早出现 20 世纪初的西方欧洲国家。随着经济的不断发展及生产力水平的不断提升，我国办公家具产品的类型、功能、形式、风格与制作工艺水平已接近世界先进水平，并在产品功能性、舒适性及人性化等方面的科学研究不断深入，提升了不同办公环境和办公条件下的用户体验。

在信息化社会发展背景下，现代办公方式和办公理念进一步演化，以往同质化的办公家具产品不足以满足用户需求，其物质功能及使用体验也不再是人们关注的唯一焦点，取而代之的是以用户感性诉求为主体导向的、更为全面而综合的产品属性，即更深层次的感性需求（如品质感、现代感、个性化、愉悦感等）。而此类感性需求以办公家具为载体，以产品的造型、材质或色彩等各项指标给予外显化表现。如何研究并开发出符合现代人的生理要求及心理需要的"感性"办公家具产品，并提升其产品附加价值，这一问题成为当前办公家具产品研究亟待解决的焦点内容。当前，产品设计研究深度和广度不断升华，跨学科理论与研究技术不断提高，且交叉学科研究手段和方法不断得到尝试和验证，尤其是认知心理学领域较为常用的实验研究方式（眼动、脑电、行为实验 E-prime 以及事件相关电位 event-related potential，&ERP），为产品设计研究提供了可靠的方法导向。

本书内容以办公家具中的职员座椅产品为研究案例，依托认知心理学与设计学等领域相关理论，从"和逸性 (harmonization-easiness-joviality，&HEJ)"理论内涵出发，明确视觉 HEJ 相关原理与评价方法，构建办公座椅的视觉 HEJ 研究理论体系。以职员办公座椅产品为载体，在明确其造型要素及其视觉形态基础上，采用眼动记录技术及主观评价报告探索用户的视觉注意模式及认知规律，确立其视觉优势部位，并挖掘 HEJ 表征。采用问卷调查开展实验研究，将离散的座椅造型设计要素进行集合化处理，构建涵盖高、中、低三类 HEJ 程度的图片样本组，借助 E-prime 软件设计实验以确立高信度样本组。采用事件相关电位技术 (ERP) 探索不同 HEJ 程度下的用户脑认知特征，通过提取相关 ERP 成分的潜伏期及峰值等辨识信息数据，将其结果与认知心理学研究中经典的视觉诱发情绪 ERP 相关研究成果进行对比，判断不同 HEJ 水平下被试认知差异的显著性。

书中内容主要分为七个部分。第一部分为绪论，主要介绍办公座椅相关研究背景、国内外研究现状及研究意义；第二部分主要介绍视觉和逸性理论内涵及其认知评价相关方法；第三部分主要是对办公座椅造型要素的视觉形态研究和整理；第四部分为办公座椅视觉特性研究，这一部分主要采用眼动分析，以实验方式获取用户观察座椅的视觉优势位置；第五部分为办公座椅不同形态要素的视觉和逸性研究，采用眼动研究结合主观评价方式，获取办公座椅视觉优势部位不同形态要素的视觉和逸性；第六部分为办公座椅整体视觉和逸性特征及其事件相关电位(ERP)验证；第七部分是研究结论及相关展望。

本书主要以职员办公座椅产品为研究实例，以其视觉造型形态为目标研究对象，以跨学科领域研究范式（眼动、ERP 等）为主要研究方法和手段，证实了认知心理学领域相关实验引入家具设计研究范畴的可行性；相应研究思路及方法可为其他领域产品设计研究提供理论参照；同时，研究成果可为办公座椅的设计开发提供案例参照。后续研究可拓展到其他家具类型或家具产品相关的其他因素（如色彩搭配、材质选择等），以充实和完善家具产品研究与评价体系。

目 录

contents

1

绪　论

研究背景
相关课题的研究现状
研究目的及意义
课题的主要内容及研究方法

1.1 研究背景

1.1.1 用户诉求及其角色的转变

工业化程度的持续提升以及社会竞争的不断加剧，使得各个企业纷纷加快工作节奏：员工日均工作时间保持 8 小时左右，且加班现象越发普遍。一项对办公族的调查表明，在正常工作过程中，90% 以上的员工连续 1 小时以上不会离开办公座椅；60% 左右的员工连续 2 小时及以上不会离开办公座椅；还有部分特殊职业人员每天在座椅上持续度过的时间更久 [1-3]。因此，作为直接为办公作业等提供坐姿支持的办公座椅与人之间的密切程度可见一斑。

二十世纪六七十年代，办公强度的不断加大使人们对办公过程中的健康问题给予了更多关注，进而推动了人机工学在办公座椅设计中的研究与应用，这为办公座椅的功能性、舒适性及人性化设计提供了理论参考与科学依据 [4-5]。而今时代向前，社会信息化使现代办公方式及办公理念进一步演变，且人们的需求也产生了相应变化，这使得以往同质化的办公家具产品不能满足现在的用户需求，其物质功能及使用效果也不再是人们关注的焦点，取而代之的是以用户感性诉求为主体导向的更为全面而综合的产品属性，即更深层次的且越发凸显的感性需求 [6-7]。墨子主张："食必常饱，然后求美；衣必常暖，然后求丽；居必常安，然后求乐。"可见，在不同的社会阶段，人们对需求的层次是有选择的。

此外，马斯洛的需求层次理论说明了人作为一个独立的个体时，在不同阶段也会产生不同的心理需求。他将人的需求分为生理需求、安全需求、归属与爱的需求、尊重需求以及自我实现需求，且他在阐释自我实现需求时认为："在人自我实现的创造性过程中，产生出一种所谓的'高峰体验'的情感，这个时候是人处于最激荡人心的时刻，是人存在的最高、最完美、最和谐的状态，这时的人具有一种欣喜若狂、如醉如痴、销魂的感觉。" [8-9] 可见，生活体验的满足度越高，相应的需求期望值也随之提高。理解用户从物质需求转变到内隐的精神需求的原因，对理解设计、开展设计并深化设计具有一定的指导意义。

目前多数用户已不满足于接纳现有成品，而更期望拥有能够体现自身个性的、与众不同的且独具特色的产品类型，因此他们愿意参与到产品的设计过程中。用户参与产品设计使得原本冷漠的、机械化、理性化的工业产品增添了情感附加值，也同时使用户从产品的接受者转变为产品设计的参与者与影响者。

1.1.2 产品设计的映射

设计是实现物质形式与功能的手段，其实它也是一种行业交流载体。一件产品被设计制造出来，在其被人们接纳并使用的过程中，可以传递出种种信息，引起人们不同的情感[10]。现代产品一般给人传递两种信息：一种是知识，即理性的信息，如产品的功能、材料、工艺等；另一种是感性信息，如产品的造型、色彩、使用方式等。前者是产品存在的基础，后者则更多的与产品形态生成相关。

过去在以生产为导向的卖方市场形态中，产品的"机能"表现是消费者关注的重点，且市场产品趋于同质化，以满足"量"的需求；而现今以用户为导向的买方市场趋势越来越明显，消费者的主动消费意识越发增强，消费理念日趋稳定，产品"品质""精神"与"服务"表现成为消费者新的关注重点。因此，产品设计的理论导向及实践内容均以各种姿态传递相应理性与感性信息，以迎合市场的转变，也影响了整个设计领域的发展。由于这种设计理念的革新，家具设计也在无形中改变。办公座椅设计在考虑以往关注的健康舒适等重要因素以外，进一步研究了消费者的感性诉求，并将之赋予产品的造型、材质或色彩上，使一张办公座椅不但具有相应等级的功能响应，还能拥有良好的外观视觉形态。如何将用户的主观需求和客观要求外显化，研究开发出符合现代人的生理要求及心理需要的"感性"产品，进而大大提升产品附加价值的问题是当前办公座椅产品研究亟待解决的焦点问题。

1.1.3　感性工学的影响

感性工学 (kansei engineering) 是介于艺术设计学、工学及其他学科之间的一门综合性交叉学科。它试图依据理性分析的手段和方法将感性问题定量或部分定量，其研究对象是"人"，服务的目的是将设计物或现象与人之间建立一种逻辑对等关系[11]。

感性工学应用于设计领域，把"物"（即现有产品、数字化或虚拟产品）的感性意象定量、半定量表达，并将其与相应的设计属性建立关联性模型，以实现在相应产品设计中体现"人"（包括设计人员与用户）的感性表征指标，进而开发出符合"人"的感性期望的产品[12-15]。其过程如图 1-1 所示。现代家具一方面构筑于客观实在的基础上，一方面与人的主观能动性有密切联系。信息化社会背景下，人们的日常生活与工作密切交织，相应的工作场所与办公环境的人性化、情感化呼声也日益高涨，作为办公状态下与人们关联最为紧密的座椅再次成为设计焦点。如何获取人对办公座椅内隐的感性意象并与座椅产品的设计要素建立关联是值得探讨的课题。

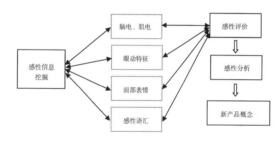

图 1-1　基于感性工学理论的产品开发方法

1.1.4　跨学科理论与技术的支撑

设计学是交叉性强且理论扩展非常广泛的学科，心理学、生理学、人体解剖学、工程学以及计算机科学等学科，设计学均有所涉及。随着设计理论体系的不断完善，相应的研究方法也得到更新并逐步应用于相关的研究与设计过程之中。如人机工学研究中常用的体压、肌电等实验，为开发基于人体生理表征、符合用户舒适性需求的产品提供了科学、有效的依据；心理学中较为常用的眼动仪、脑电仪以及事件相关电位系统 (event-related potential，简称 ERP) 等仪器设备，结合计算机工程分析技术以及心理学研究相关指标，可观察用户在使用产品或观察产品时的相应心理及生理变化，进而探索不同产品类型对人产生的各项影响，为相应产品的设计提供参照。这些较为理性而科学的实验研究方式从某种程度上，以更为合理有效且直接的结果呈现用户对相应产品的反应。可以说跨学科理论知识与研究方法的应用为产品的设计提供更为可靠的导向。

1.2　相关课题的研究现状

1.2.1　办公座椅的设计研究现状

从当前办公环境与工作活动状态来看，办公座椅的使用频率较高且持续使用的时间较长，因此大量研究集中在座椅舒适性范畴，座椅舒适性一度成为国内外学者关注的焦点。舒适是一种主观感受，它涵盖生理与心理两方面因素，包括座椅的外观几何尺寸、各构件形状和结构是否能使人体在特定办公环境中形成合适坐姿，是否能够产生良好的体压分布和肢体触感，是否能够在一定阈限内调整座椅位置与相应角度，等等。对于如何保证用户坐姿稳定、舒适且使用便利这一问题，相关学者基于不同角度开展了诸多研究，可以说座椅舒适度的人机关系研究成果已相当丰富，其中还有不少学者建立了满足用户舒适性需求的座椅原型，以期指导相应设计。

在国外，Grandjean 与 Burandt 等人针对办公室文员使用的座椅进行了相关研究。他们设计并制作了特定座椅装置 (seating machine)，寻找多名被试者坐于其上，并依人体感知的舒适条件自由调整座椅的各部位尺度，直至被试者满意为止，研究者记录最终数据。经过多次研究得出了符合舒适性条件的座椅原型 (图 1-2)[16]。此外，Grandjean 等人再次选择 25 位男性以及 25 位女性为实验样本，让被试者坐在 12 种不同设计的多用途座椅上，并要求被试者感受这些座椅对人体 11 个部位产生的压力状况，并评价座椅的舒适程度。此外，还让每位被试者以配对方式对 12 把座椅进行两两比较，并评价其总体舒适性。其研究结果得出了 2 种舒适度评价最高的座椅原型，如图

1-3 所示[17]。Grandjean 一直关注座椅的舒适性研究，除了以上成果，他的团队还对不同场合休息椅的靠背进行了探讨，并得出对设计具有指导意义的结论。如建议用于进行阅读活动的座椅最佳角度为 101°～104°，而如若坐着纯粹为放松身心，则休息椅的最佳角度为 105°～108°。

除 Grandjean 的多项研究成果外，Yamaguchi 的研究也得出了指导性意义较强的成果。他设定的实验寻找了多名被试者坐在座面角度在 0°～20° 范围内可调、靠背在 90°～135° 可调的座椅装置之上（两构件均以 5° 为可调单元），其目的在于测量在变化座面角度和靠背角度的情况下，被试者第 4 与第 5 腰椎间盘间的压力

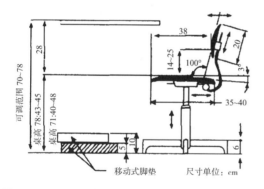

图 1-2 Grandjean 与 Burandt 等人建立的舒适座椅原型

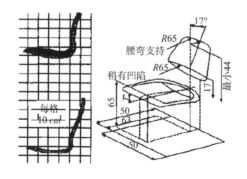

图 1-3 Grandjean 等人建立的多用途舒适座椅原型

下折线表示座面倾角（单位：°）。此外，因用户肩部和上臂会伴随靠背倾角的变化而移动，这会直接影响用户肘部与其前臂的空间位置，因此靠背倾角的大小会进一步影响座椅扶手的设置[18]。通常情况下，座椅扶手的倾角变化不会太大，基本上保持水平。

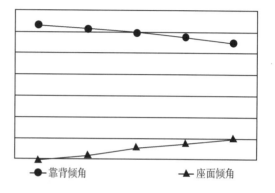

图 1-4 Yamaguchi 研究结论：座椅靠背与座面倾角的关系

Branton 与 Grayson 的研究报告中着重强调了座椅坐垫的重要性。Shackel 等人经过多年研究整理出了 4 种测量座椅舒适度的基本方法，包括解剖学和生理学方式（如 EMG 肌电测量、体压分布以及椎间盘研究等）、人体坐姿与相关活动动作观察法、工作绩效观察法以及用户主观评价法[19]，诸如此类的方法对椅类家具设计研究有指导意义。而 Mehta C. R 与 Tewari V. K. 等学者的研究中提出了座椅的舒适度设计应建立在生物力学的基础之上[20]，设计模式大致如图 1-5 所示，另外还有不少学者采用各种不同的测量与实验方法探讨座椅的舒适性，如 Diebschlag 与 Mueller-Limmroth 测量了不同硬度座椅的最大压力[21]，Zhang 等人的研究提出了人体坐姿舒适与不舒适假设模型，等等，各

类研究均试图为座椅的设计提供更为科学而有效的指导。

图 1-5 Mehta C.R 等提出的生物力学应用于座椅舒适度设计模式

以上均为国外较为典型的座椅设计研究成果，对设计具有较强的指导意义。各项研究均是以用户的舒适性感受出发，为座椅能更好地适应人的生理需求，或满足由用户的生理体验而产生较好心理感知而进行的探索与努力[22-25]。各研究手段与开展方法以及相应成果均为座椅的设计与更为深入的研究提供有效参照，具有深刻借鉴意义。

国内的相关研究中，汪洋等人（2013 年）谈到人体工学对办公椅设计影响很大，有合理的人体工学性能的办公椅可以使得坐者获得良好的体验，而其优秀的人体工学性能和办公椅尺寸有着密切的关系。汪洋等人根据人机工学的要求对办公椅主要部件的设计提出了相关建议，并分析了国内外标准中对办公椅人体工学尺寸的不同要求，供设计者参考[26]。朱郭奇等人（2011 年）从人因工程思想的角度出发，对工作座椅的结构及功能进行了重新设计，设计主要侧重办公座椅的灵活性、舒适性[27]。在座椅结构尺寸方面，朱郭奇等人运用国家标准进行设计，而后在此基础上来获取工作人员整体的舒适性描述，以期可以帮助改善目前存在的问题，令更多的办公人员可以从中受益。此外，张启亮、杨伟等（2011 年）着重从座椅设计的人体工程学角度进行

研究[28]，对办公座椅的设计提出了一些理论分析和数据支持。而张丹丹（2008 年）对办公座椅进行了综合分析，指出基于人机工学设计的办公座椅需考虑以人为本、采用新材料以及与环境的适应性等方面的问题[29]。

此外，陈玉霞、宋海燕等人采用体压测试、表面肌电测试等方法对不同座高、座深、靠背尺度以及软包尺度等进行了诸多实验研究和分析[30-33]，提出了一系列关于座椅尺度舒适性的研究结论，为座椅的设计提供了有力参考。

结合国内外座椅的设计研究来看，研究方法多样、可行性强且更具科学性和客观性，各类实验的设计与开展为本课题的开展提供了充实的参考信息。然而，如今的研究过于注重生理体验、座椅功能及相关内容，而在当今社会背景下，人们对于各类产品的追求往往不再是单纯的生理体验与功能需要，更多的是源于内隐性的审美与更高层次的精神需求。因此，对于办公座椅视觉部位的装饰形象研究应当得到更多的关注。

1.2.2 和逸性理论研究现状

"和逸性"（harmonization-easiness-joviality，简称 HEJ）是指某一产品（包括物态与非物态）能够实现用户生理与心理的双重满足和愉悦。究其本质是实现用户与产品之间的"和谐"与"愉悦"的相互关系。目前对于和逸性理论研究大多是在一个限定的知识领域进行的较有针对性的探讨，"以用户为中心"，从人的生理、心理综合考虑，使得最终的研究成果更好地应用于产品，适应于人，实现产品最佳和逸性、宜人性。

如：肖海燕（2007 年）对洗衣机操作界面的和逸性研究课题，是以人因学理论为基础，通过分析特定用户群体的心理、生理以及消费特征，建立用户心理模型，而后对家用洗衣机的操作界面从功能、色彩、材质以及尺寸等方面进行了和逸性的设计分析 [34]。同年，赵立彬在对手机的和逸性研究中，首先根据用户群体的认知及对手机设计元素的偏好建立相应用户需求模型，而后从手机视觉界面探讨其和逸性设计 [35]。此外还有陈小娟（2010 年）的研究是以人机工程学为理论前提而进行的饮水系统与环境的和逸性研究 [36]；马静（2010 年）在人机交互理论知识领域进行了空气调节设施与卧室建筑系统的和逸性研究 [37]。张怡雯（2013 年）也在其研究中明确指出寻找一种产品与建筑环境最佳的融合方式需最大程度地满足人们的生理、心理、价值以及审美等需求，从而真正做到人 – 产品 – 环境三位一体的和谐关系 [38]。

除此以外，在家具领域，人与家具产品的和逸性在人 – 家具的交互界面也得以体现。人在相应交互界面的体验过程中可获得更为直观、更深层次的和逸性感受。在该领域也出现了相应的人与产品的和逸性探讨，如姚孟良在对人与整体橱柜的和逸性研究（2008 年）中，试图在人机交互理论的基础上，用实地调查的方式确定用户人群的心理及生理特征，建立用户模型，而后从橱柜色彩、风格、形式以及各部位尺度与人的和逸性进行分析与探讨 [39]。另外丁成富 [40] 对厨房环境与厨具进行了共融性研究（2008 年），其实质也是一种和逸性探索，采用的研究思路及方法手段基本一致。

以上研究的整体思路及研究方法可为本课题的进行提供相应参考思路，更为和逸性的探讨方面提供了有力资料。然而就当前和逸性研究形势的分析，可发现以下两个方面的问题。

第一，前期理论研究处于较低水平，尤其是和逸性要素定位板块。当前研究领域对于人、产品与环境和逸性探讨的前期要素确定基本都是采用调查法（问卷调查、访谈或实地调查等），虽然其研究方式也是将用户的各项心理与生理特征以一种量化的形式进行了相应模型的构建，具备一定的科学性，然而简单的调查分析和统计仍是处于研究的较低水平，并且统计信息量较大，难以对其整合处理。

第二，对最终和逸性的表征阐释较为粗糙含糊，不具备较强的说服力。由于前期是通过各项调研获得相应的用户心理和生理模型，而后期则是相应学者根据统计结果的推断与表达，因此，这样的结论不具备直观性。

1.2.3 相关评价手段的应用现状

就目前来讲，为更加理性地判断产品与用户生理与心理的一致性，不少学者将定性的产品属性用定量的方式进行分析，并将多种数据挖掘技术应用于产品的评价研究，如模糊分析法 [41]、神经网络分析 [42]、价值工程法 [43]、数据包络分析法 [44]、灰色系统分析法 [45] 等。但诸如此类的分析方法均需以较强的数学功底为基础，通过数据建模与分析的方式挖掘产品与用户之间的和谐关系，在无形中加大了评价的难度。

结合跨学科研究发现，认知心理学研究中常用的眼动追踪技术及事件相关电位技术可从人的生理基层出发，更为直观地反映人在认知不同产品设计方案时的决策、行为及产品诱发心理情绪，且实验方法易操作，分析指标明确便捷，是当前产品设计评价领域尝试使用的研究手段。

（1）眼动研究在设计领域的应用现状

眼动追踪是通过对人眼动轨迹的记录中提取诸如注视点、注视时间与次数，以及眼跳情况和瞳孔大小等眼动指标，结合相关心理学对信息加工、认知的研究理论，探讨个体对目标对象的认知过程。近年来被集中应用于心理学及人机交互研究领域，如人机界面的评估、对广告设计平面设计的视觉反映、注意力与疲劳的分析、飞行员工作行为与负荷的研究等。对设计领域来讲，眼动追踪技术在设计方案效果评估方面的应用研究也有涉及。

从国外的相关研究来看，Solomon M.R 等人于 1992 年便开始利用眼动追踪技术观察了人们浏览广告的特点，发现有 90% 的被试者先看广告中的图片，而后再看广告中的文案部分。另一项研究是使用头盔式眼动仪（图 1-6）研究了读者对报纸广告的注视情况，结果发现：潜在购买者比非潜在购买者观看广告时的注视次数多且注视时间长[46]。Wedel 等人的研究发现，被试者注视广告的组成要素顺序通常是图像、正文、背景，且被试者首先关注信息量大的区域[47]。而有学者对广告布局进行了相应的眼动研究，结果发现：被试者对广告重要区域的注视时间长于其他区域[48]。还有学者考察了大学生观看平面广告时的眼动特征，结果发现，指导语影响被试者的注视状态，且被试者看文字部分的时间要长于观看图案的时间[49]。Pieters 等人

探讨了广告中的品牌、图片和文案所获得的注意力对品牌记忆准确的贡献值，结果发现三类要素都有显著贡献，但品牌要素的贡献值最大[50]。有研究比较了被试者在观看不同产品时的眼动数据，并通过对比其差异性试图探索相应眼动指标与被试者喜好之间的关系[51]。

图 1-6 头盔式眼动仪

在我国，眼动分析技术也已有不少尝试性的研究应用，就设计相关的研究领域来看，研究课题主要集中在平面设计效果、广告方案设计等的评估，以及产品设计外观效果的评估等领域，家具设计领域也已有部分学者尝试。

① 眼动分析法在平面设计中的应用研究。

程利等（2007 年）以大学生为被试人群，对不同呈现方式以及不同位置的网页广告进行眼动实验，分析眼动数据中的注视次数和注视时间，得出相应结论[52]。陈劲、徐飞等（2009 年）探讨了背景色和字体色对被试者心理的影响，通过分析相应数据（注视点次数、注视点持续时间、平均瞳孔直径等）得出相关结论[53]。姚海娟等（2011 年）通过应用眼动仪对手机广告进行眼动测试，并结合主观评定法，对广告的不同位置、不同背景色以及广告词等因素进行实验组合设计，最终通过分析眼动数据中的注视时间和注视次数，得出评价结果[54]。另外，王雪艳等通过设计 2（ 插图颜色：彩色、黑

白)×2(插图注解: 有、无)×2(文字颜色: 黑、蓝)的实验组合,分析被试者注视时间和注视次数,得出目录中的信息量决定读者注意力的结论[55]。喻国明等人设计眼动实验观测了人眼在阅读报纸时的眼动轨迹及其他相关眼动指标,试图探索人们在阅读中文报纸时的眼动规律,并探讨报纸不同版面设计元素对该眼动规律的影响[56]。心理学专家闫国利等人多次采用眼动技术,并结合主观评价法,考察被试者对各类广告设计的眼动表征,并为广告设计的合理性提供了科学而有效的依据[57-59]。

通过对眼动技术在平面设计中的研究成果分析发现: 注视时间和注视次数是最常用的眼动分析指标;同时,各研究在眼动实验的基础上使用了主观评价法(以语义差分法,即 SD 法为主)进行分析,这种主客观结合的研究方式使得最终结果更具科学性,为本课题的研究提供了启示与借鉴基础。

② 眼动分析法在产品设计外观设计效果评估中的应用研究。

杨海波、段海军等用眼动分析法和主观评定法分析了大学生在评估不同颜色、不同外形的 MP3 外观设计的眼动特征,以注视时间和瞳孔直径为眼动指标,得出最受关注的区域是功能键,最受欢迎的形状是圆形[60]。邢强、王佳等运用眼动仪对大学生在对手机外观评估时的眼动特点进行了记录,以注视点个数、注视时间、瞳孔大小为眼动指标,分析得出黑色系手机和滑盖型手机最受关注、品牌标志置于屏幕上方能够突出品牌效应等研究结果[61]。类似研究还有很多,如姚海娟、李晖等采用 Tobii T120 型眼动仪记录用户观看手机键盘时的眼动数据,分析平均注视时间和平均瞳孔直径的数据特征,

探讨了导航键形状和按键间距因素对手机键盘界面设计效果的影响[62]。付炜珍、代小东等通过设计眼动实验与主观评价问卷法寻找产品外观设计的有效指标,发现注视时间、注视频次、瞳孔大小与评价等级之间存在联系,从其结果的一致性中说明眼动测量法在进行产品外观测评中具有一定的可行性[63]。

③ 眼动技术在家具外观效果的评估中的应用研究。

国内外关于眼动分析法在家具设计中的研究较少,部分具有代表意义。熊建萍、何苗等人的研究发现,被试者对清式家具的首次加工注视时间和总注视时间明显长于明式家具,对清式家具的总注视次数和首次加工注视次数也显著多于明式家具[64]。陈高杰(2010 年)用眼动分析法研究被试者对柜类家具表面材质、色彩和装饰工艺的效果评估,结合主观评价法,确定注视次数和注视时间可作为该研究的有效眼动指标,而瞳孔直径和平均注视时间不能作为评估指标[65]。这项研究对各个眼动指标的分析较全面,研究思路以及评估方案的设计和数据采集与分析等处理方式,可为本研究提供线索。马平(2009 年)以椅子的形态为研究对象,通过对眼动技术涉及的数据指标进行分析,探讨了运用眼动仪对椅子形态进行分析的方法及其可行性[66]。这是一项前期研究,理论性较强,为眼动技术进一步应用于椅类家具评估做了铺垫。

以上是国内外关于眼动技术在与设计相关领域中的研究与应用现状。通过对各项研究的成果分析可知,将眼动技术应用于设计领域有以下内容可供参考,即眼动注视时间、注视次数、瞳孔大小等眼动指标可用于产品外观设计效果的评估研究;眼动

研究与主观评价结合使用可有效选择合理的眼动指标；因眼动记录的数据较多且复杂，包括眼动注视时间、次数、眼跳距离、瞳孔大小等多种类型，但并不是所有指标均需记录用于后期分析阶段，采用适当方法选择有效的眼动指标对解决实际问题或验证相应理论可提供有效依据；参与眼动研究的被试群体需提前设定，不同群体拥有的知识背景、认知水平及产品需求有明显差异，因此开展相关研究需针对性地选择相应被试群体，以保证研究结论的科学性和合理性；任何一种研究对象将涉及多个变量，且每个变量有多个研究水平，但因实验条件或研究内容的限制，不可能在一个研究课题中将各个条件做全方位考虑，所以要采用合理的方法（如聚类分析、主成分分析或层次分析等）将变量归类分组，实现可控的定量研究，以保证课题清晰有序且较为完整地进行。

（2）事件相关电位技术在设计中的研究与应用

具有生命体征的人脑无时无刻不在放电，这种电类型称为脑电，也叫作自发电位。脑电的产生与释放是人脑神经活动的即时表现。Hans Berger(1924年)最先研究发现了频率在 8 ~ 13 Hz 的人脑脑电，并将其命名为 α 节律，这也是人类脑电的基本节律[67]。EEG 是记录脑活动的有效工具，然而从其纯粹的脑电数据中提取神经认知过程的有效成分较为困难。因此，需使用脑电的叠加平均技术将这些反应从相关脑电中抽离（基本原理见图 1-7[68]），这样的有效信号称为事件相关电位(event-related potential，简称 ERP)，相对于自发电位而言，也可将其称为诱发电位(evoked potential，简称

EP)[69]。

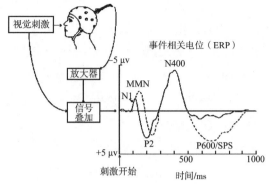

图 1-7 ERP 成分的提取原理

目前，ERP 的研究与应用已深入到医学、心理学、神经科学以及人工智能等多个领域[70-72]，随着各国学者们对于脑科学研究的不断深入，ERP 的研究与应用逐渐渗透到其他相关领域，在设计学科方面也有所涉及，且我国学者在近期就开展了相关的研究项目。

如陈默、王海燕 (2014 年) 等采用低唤醒度的 ERP 实验研究用户对产品感性意象认知的反馈，以揭示用户对视觉形象的感性认知规律[73]。该研究采用跑车形态为启动刺激，并设置了 4 个相关度由强至弱匹配等级的语义词作为检测刺激，结果表明：不相关词以及模糊词均能诱发出稳定的 N400 成分，且具有相同的脑电地形分布区域，而近义模糊词则具有不同的评估结果。该项研究证实了 ERP 可从用户的视觉认知神经加工机制出发，客观而有效地获取用户对产品相关感性意象的内隐性反馈，这为深层次地探讨并量化用户内隐性需求、考量产品方案设计与用户感性意象的匹配度并建立产品意象的有效映射评估模型提供了有力参照。此外，唐帮备、郭钢等 (2015 年) 提出联合脑电与眼

动技术的工业设计用户体验评选方法，并以四款不同的汽车设计方案效果图为研究对象，获取了用户在进行不同视觉体验时的眼动与脑电数据，并使用主观评价法，对处理后的眼动、脑电与主观评价三类数据指标间的相关性进行了分析，并以此建立了结合用户生理与心理评价指标的用户体验多维综合评价模型，并对模型进行了相关验证[74]。结果证实：用户在对产品设计方案进行评价时，眼动、脑电以及主观评价指标可相互验证，可使得评价结果更具科学性和客观性。此外，浙江大学孙小莉(2015 年)就产品品牌的熟悉度对品牌延伸评估影响的神经机制进行了相关研究，并使用 N400 与 LPP 两个 ERP 成分为研究指标[75]。结果发现：品牌延伸过程中存在母品牌与相关产品之间的契合性判断认知机制，而这一过程在 ERP 成分上表现为 N400，当母品牌与延伸产品为不同类别时可诱发波幅更大的 N400 成分。此外，研究还发现，延伸品牌的熟悉度因素对相应品牌的延伸态度有显著影响，且高熟悉度的品牌比低熟悉度的品牌在进行品牌延伸时会诱发更大波幅的 LPP 晚正 ERP 成分。而吕

佳(2014 年)应用 ERP 系统对服装的情绪认知机制进行了相关研究。该研究以男士运动上衣为研究对象，通过合理手段建立情绪测试平面，并从主观感知与生理唤醒度的角度，结合用户的情绪维度认知调查以及 ERP 记录手段，研究男装上衣诱发的情绪特征，并探索建立一种有效的基于 ERP 系统技术的服装情绪研究方法。通过提取 ERP 成分及相应反应脑区等辨识信息，并与经典的视觉诱发的情绪 ERP 研究结果比较，以验证该方法的有效性，为获得更为准确、便捷而高效的服装情绪评价方法提供技术支撑[76]。

以上研究结果为 ERP 技术在与设计相关领域中的应用提供思路与相应参考。其研究手段、方法与过程，以及 ERP 成分的提取、整理与结果分析等均为本研究的开展奠定了基础。本课题将汲取各研究思路与实验设计，并采用适当方法改善前期研究的缺陷或不足，试图将 ERP 研究与实践内容进一步结合，以期为相关研究提供更可靠的参考与借鉴价值。

1.3　研究目的及意义

1.3.1　研究目的

①明确和逸性理论尤其是视觉和逸性理论的知识内涵及其评价方法，探讨视觉认知角度的用户与家具产品和逸性研究模式。

②明确办公座椅造型设计要素及其视觉形态表

征，为探讨用户与办公座椅的视觉和逸性内容奠定基础。

③结合眼动与主观评价等认知心理学实验研究手段，以逻辑量化的方式探讨人与办公座椅造型的视觉和逸性，包括不同造型形态下的和逸性表征，以及基于不同和逸性程度下的座椅整体造型特征。

④从生理基础出发，采用事件相关电位技术观察不同和逸性程度的办公座椅样本组诱发的用户脑认知特征差异，并与经典视觉诱发脑电成分进行比较，获取相应规律，验证不同和逸性样本组的差异性，确定前期研究的可信度，并为后期评价办公座椅产品造型设计的优劣提供理论参照。

1.3.2 研究意义

①较早提出将视觉和逸性理论引入家具感性设计研究范畴，为家具产品的理论研究带来新思路。

②较早将脑认知领域相关研究范式引入家具产品研究，为企业开发迎合用户心理及生理需求的办公座椅产品提供更为科学的依据。

③证实了认知心理学领域相关的实验手段与主观评价等综合研究方法引入家具设计研究范畴的可行性，并验证了其科学有效性、系统性和完整性，进而充实了家具产品领域的研究方法。

④为其他相关家具产品的设计研究提供理论参照。

1.4 课题的主要内容及研究方法

1.4.1 课题的主要内容

本研究在分析和逸性理论及其相关研究的基础上，以办公座椅造型设计要素及其视觉形态作为研究对象，以用户视觉感官作为信息获取通道，借助眼动技术与主观评价的综合实验方法，探讨用户与办公座椅不同造型要素的视觉和逸性，并建立涵盖三类和逸性程度的办公座椅样本组，采用事件相关电位技术进一步挖掘用户在不同和逸性程度的脑认知成分特征差异性，验证前期和逸性特征的可信度

及样本分组的有效性，并为后期办公座椅产品乃至其他类型家具产品的设计评价提供理论参考。

本研究依托认知心理学、感性工学、设计学、符号学及数理统计学等相关理论原理开展研究。主要内容如下。

（1）视觉和逸性理论及评价方法

从 HEJ 理论相关内容出发，主要采用文献研究手段，在综合分析各领域相关研究成果的基础上，明确 HEJ 内涵及多维度论证基础。同时探索

视觉 HEJ 研究界面，并结合认知心理学及相关理论指出视觉 HEJ 评价的影响因素，为后期办公座椅视觉 HEJ 研究提供思路。此外，明确视觉 HEJ 认知评价方法与实验手段，为后续办公座椅视觉 HEJ 研究提供理论参考。

（2）办公座椅造型要素及其视觉认知规律

①挖掘座椅造型单元及其视觉形态要素。

确立以职员办公座椅为代表性研究对象，通过调研广泛搜集职员座椅样本，建立样本素材库。依据设计学和形态分析法相关原理及过程对代表性座椅产品进行解构，进一步归纳办公座椅的典型造型构件；结合样本素材深度挖掘各造型构件的不同视觉形态，进而建立造型要素空间，为后续研究提供素材支撑。

②办公座椅造型的视觉认知规律研究。

根据前期座椅造型单元特征，选取典型座椅样本素材，采用美国 Tobii 1750 眼动仪记录被试者观察办公座椅的眼动数据指标，通过划分不同的兴趣区（area of interest，简称 AOI），选取适当的眼动指标分析被试者的视线分布以及对座椅不同部位的关注模式等，进而探索座椅产品造型要素的视觉关注程度及视觉优势位置；结合主观评价，了解被试者对办公座椅各构件的感性认知（主要是各造型要素对座椅整体的视觉审美影响程度）。综合眼动指标分析与主观评价结果，在后期选择性地开展办公座椅不同造型单元在不同视觉特征下的和逸性研究。

（3）办公座椅不同造型要素的视觉和逸性研究

参考前期研究中视觉优势部位及眼动轨迹特征，针对办公座椅视觉优势部位，采用眼动记录技术，通过划分不同的 AOI，选取适当的眼动指标（如首视时间、注视时间、注视次数、注视频率及转移矩阵等），比较被试者观察不同造型特征座椅产品时的眼动特征，判断其视觉选择性注意情况，并结合主观评价结果挖掘不同造型特征的办公座椅与被试者的视觉和逸性状态。

（4）办公座椅整体视觉和逸性特征挖掘及 ERP 验证

在前期研究的基础上，从整体认知角度挖掘用户与职员座椅在不同和逸性程度下的造型信息特征，试图将离散的座椅造型设计要素进行集合化处理，进而建立具有不同和逸性造型特征的职员座椅样本组，同时采用心理学实验方法确立样本的高信度，并进一步验证样本分组的有效性。具体内容如下。

①确立不同和逸性程度的办公座椅造型特征。

根据前期对职员座椅图片样本素材的解构与视觉形态分析，对职员座椅典型造型单元及其视觉元素进行编码；而后设计问卷，通过大范围调查研究，挖掘被试者对办公座椅和逸性的评价判断，并总结归纳不同和逸性程度下的办公座椅造型特征。

②选取高信度座椅样本组。

根据不同和逸性程度下的办公座椅造型特征，于职员座椅样本库中筛选符合相应特征的座椅图片或模型，并采用 E-prime 行为实验数据指标对样本进行再次确认和筛选，得到高信度的座椅样本组。

③基于 ERP 的不同视觉和逸性程度对样本组进行差异化验证。

以 E-prime 实验确立的样本组图片为刺激素材，探测诱发产生的 ERP 成分，并采用潜伏期与峰值测量方法，对不同和逸性程度、被试者性别及相互之间的交互作用给 ERP 成分的潜伏期和峰值带来的影响进行分析，并结合经典视觉诱发脑电 ERP 成分研究成果，深入探讨不同和逸性程度下的认知特征差异，验证前期办公座椅整体和逸性特征、分析与样本分组结果的有效性。同时以此验证以生理学技术为基础的评价方法的科学有效性，为后期其他家具产品的认知研究奠定基础，并为家具产品设计方案与用户的"和逸性"提供评价参考。

1.4.2 课题的研究方法

本研究以认知心理学、设计学等理论为基础，通过大量实验研究获取用户生理及心理量化指标，挖掘基于和逸性理论的办公座椅造型特征，并进一步通过用户对不同和逸性程度下的办公座椅的脑认知差异验证相应分析的有效性。该研究思路与方法可为后期其他家具产品的设计评价提供科学而有效的理论参照。为实现相应研究目标，本研究主要采用了以下方法。

①文献研究法。

本研究首先从和逸性理论原理出发，通过研究文献明确了和逸性尤其是视觉和逸性理论相关内容，了解其研究与评价方法，为后期研究工作提供思路。

②调查研究。

为全面了解并掌握办公座椅造型要素及其视觉形态表征，本研究采用调查研究的方式大范围挖掘

相关信息，主要有网络调查及市场走访调查等方式，搜集了办公座椅图片样本，建立了涵盖多维度信息的办公座椅样本素材库。

③形态分析法（形态学及符号学原理）。

采用形态分析法对办公座椅样本进行解构，从形态学、符号学及几何学角度出发，分析办公座椅样本中的典型造型构件单元，并深入归纳各造型单元的不同视觉形态表征，为后期研究提供基础素材。

④实验研究法。

本研究综合采用多种实验研究手段，其中眼动实验研究主要用于探讨用户对办公座椅的视觉认知规律，以及对不同视觉形态办公座椅的和逸性；事件相关电位研究主要用于观察用户对不同和逸性程度办公座椅的脑认知特征差异。此外，认知心理学研究中的 E-prime 行为实验研究也在本研究中起到了重要作用。

⑤主观评价。

在眼动研究过程中通常结合主观评价，以此观察主观评价与眼动实验结果的一致性与差异性，进一步确保研究结果的高信度与可靠性。本研究主观评价采用语义差分法 (SD 法)7 点量表。

1.4.3 研究框架

根据前述研究内容及主要研究方法构建本书的研究框架，具体见图 1-8。

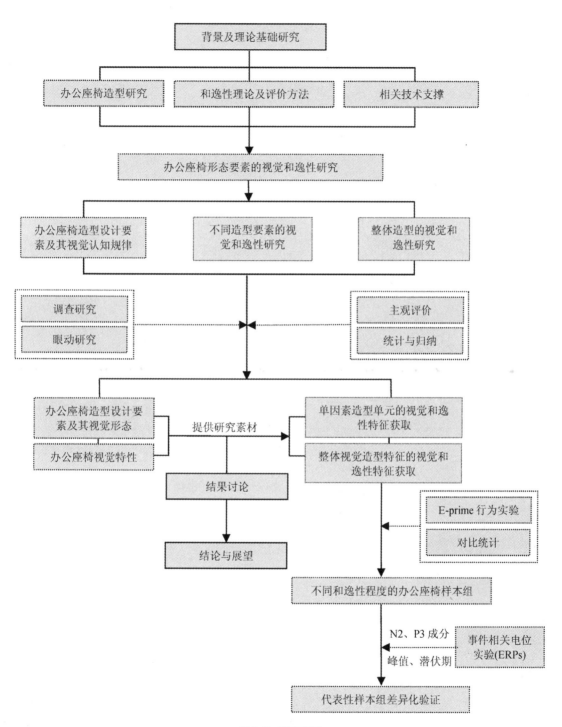

图 1-8　研究框架

2

视觉和逸性理论及认知评价

2.1 和逸性相关理论

2.1.1 和逸性理论内涵

"和逸性"是一个内涵意义广泛的概念，是工业设计研究领域举足轻重的关键词。辞海中，"和"释为投契、融合与全满之意，在此则是指人与产品以及环境相互间和谐融洽的关系；"逸"有逸乐、释放、超迈与安闲之意，象征人在享受产品与环境和谐美的过程中而得到的精神体验；综合来说，"和"则"逸"[77]。

英文中，尚无专有名词用于描述和逸性，大多学者是用其近似内涵的三个词语的组合来表达，即"harmonization-easiness-joviality"，其中，"harmonization"意指和谐、一致、融洽，"easiness"指轻松、安逸、舒适，而"joviality"则为愉悦、高兴、愉快之意。一般文献中会用三个词的首字母表示"和逸性"，即为"HEJ"[78]。然究其本质而言，产品的"和逸性"关乎用户对产品的感性体验与心理认知，从语言学角度，用"和谐的""愉悦的"及"舒适的"等描述性关键词应更为得当，因此，本研究选择"harmonious-easy-jovial"概括其本质内涵。总之，"和逸性"一词较全面地体现了一种深层因果关系，并恰如其分地表现了人 - 机 - 环境的和谐关系以及用户由此产生的满足感和愉悦感，以实现用户生理与心理的双重满足，体验产品带来的价值感及更深层次的品味享受。

就设计研究而言，和逸性理论要求设计工作过程中设计师要尊重生活、感悟生活、体验生活、品味生活，并进一步理解生活，将自身创新意识融入生活，发现生活之美，并善于用创新思想改变生活，进而实现设计师与产品、生活环境与用户、用户与产品等之间错综复杂关系的和谐共生。此外，和逸性理论强调设计师在看待问题时，要从宏观角度出发，关注相关用户的潜在习惯、生理、心理及相关社会文化背景，做到人 - 产品 - 环境和谐共生，实现"不偏不倚、恰到好处"的终极设计目标。

2.1.2 和逸性的认知心理学诠释

认知心理学是于 20 世纪 50 年代中期兴起的心理学研究思潮，其核心是研究外部信息在人的认知系统中输入和输出之间发生的内部过程，旨在研究人的记忆、注意、感知、推理与决策等[79]。通过观察人的感知系统生理指标（视觉、触觉、听觉、嗅觉等）可判断认知心理过程及情绪表征，即从可观察到的现象来推测观察不到的心理活动，这是从人的生理基层出发探索其心理表征的手段。和逸性作为人的感知体验，可从认知心理学领域进一步阐释。

（1）和逸性强调与知觉经验的一致性

和逸性的认知是人脑信息加工系统对客观产品各项属性的综合作用结果。人脑由感受器、反应器、记忆和处理器四部分的信息加工系统组成[80]。客观产品在特定环境中向人的感受器输入信息，感受器对信息进行转换，并将相关信息在处理器进行符号重构、辨别；通过与记忆系统贮存着可供提取的符号进行对比，而后人的反应器将对相应产品做出相关反应。

日常生活中，人们对客观事物积累了大量的认知经验，并通过感受器进行了编码与记忆储存，形成对相应事物特有的知觉意象。就和逸性而言，客观产品的各项属性特征与人的生活习惯、审美情趣及意识等方面的知觉意象实现平衡与和谐，符合用户的经验、期待与预测，与用户记忆系统中愉悦性符号一致，进而反馈出心理与行为的满足感（图2-1）。否则，相应的认知差异将导致用户心理失衡，形成排斥与消极的情绪。

（2）和逸性以用户认知规律为导向

人为获取某种知识通常会自发完成某一认知过程，并无意识地了解或理解客观事物，在认知内驱力的作用下完成整体认知并形成特定认知规律，包括外在行为规律与知觉规律。设计领域的和逸性体现于产品界面的多维度和谐表征，包括使用行为的和谐、形式结构的和谐以及与特定环境的和谐，并最大限度地给用户提供自然的知觉方式，即在产品恰当的界面、恰当的角度呈现恰当的信息，符合用户经验、期待和预测，并满足用户生理上的合理性与工效性。如在汽车内饰设计中，和逸性理论要求设计有合理的人机尺度控制、正确的操作方式引导，并在相应界面能满足用户审美心理需求，实现设计与人的生存方式、行为方式以及功能需求和审美需求的高度和谐与统一。

（3）和逸性以综合认知心理为评价标准

现代认知心理学认为，人的认知活动是各个认知要素相互作用的统一整体，任何认知行为都是在与其相关联的其他认知活动配合下完成的，并结合人脑中储存的原有知识以及原有知识和当前认知对象之间的关系，形成"好与坏""美与丑""应该与不应该"以及"偏爱与反感"等认知心理反馈，这一反馈是用户结合自身需求与社会需求的综合认知结果，是其判别客观事物优劣的基础与标准。和逸性理论正是以此为标准，追求产品在特定环境中获得用户积极层面的认知反馈。

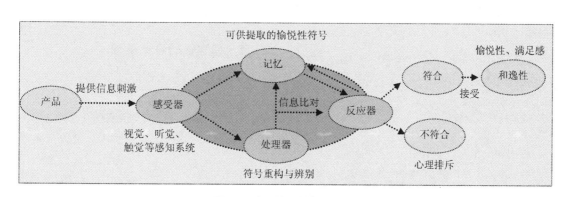

图2-1 产品的和逸性认知过程

2.1.3 产品和逸性表征

和逸性理论强调以系统角度来研究人、产品、环境三个要素，将它们看成是一个相互作用、相互依存的整体，使三者得到合理的配合，实现系统中人与产品的效能、安全、健康和舒适等方面达到最优[81-82]，并着重强调处理产品设计中与人的矛盾，最终使人与产品获得"和谐"。因此，一个被认为具有和逸性的产品应表现出相应特征（图2-2）。

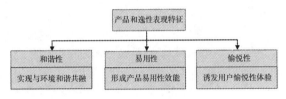

图2-2　产品和逸性表现特征

（1）与环境和谐共融

和逸性的内涵之一是"和谐性"（harmonious），即目标产品与相应环境空间氛围实现共融。共融是一种社会理想，我国自古以来便讲究"天人合一""顺应自然（即与自然相融）"的境界，更有古人为真切地实现与自然的共融，而刻意追求"秩秩斯干，幽幽南山""傍水面山而安居"的生活状态与生活方式[83]，因此，实现与环境共融是评价产品和逸性的重要指标之一。同时也说明，产品的设计若能够体现亲切、自然且与其使用环境和谐共生，则拥有了和逸性特质。

（2）易用性效能

易用性（easy）表示用户使用产品过程中的轻松与舒适的状态，意为目标产品简单易学，可减轻用户记忆与操作负担。就其本质而言，产品易用性是产品可用性的重要方面，产品易用性效能好，可能是因其功能明确、操作界面简洁易懂，也可能是因其目标用户群体的认知成本相对较低，等等。总之，同类产品，其功能、界面及使用环境等因素都影响着产品的易用性。此外，不同的用户群体，因其认知能力、知识背景及使用经验的差异也会影响产品的易用性效能[84-86]。因此，符合和逸性要求的产品需综合考量其易用性效能。

（3）诱发用户愉悦性体验

"jovial"一词充分表达了和逸性的另一典型特征——愉悦性。产品设计的核心是人。立足用户，深入了解用户生活实态、物质环境以及发展需求，使得产品从用户行为、生理及心理层面体现用户所欲、所感、所存[87]，诱发用户产生偏好意象、诠释用户基本认知，这样的产品形态、线条或色彩及质感就体现了其和逸性。用户对产品的偏好会诱发愉悦性心理体验，且特定的产品通常表现为一种相对稳定的意象状态[88]，从本质上讲，这种愉悦性意象其实是人对产品产生的直觉经验与联想。因此，寻找明确思路，将用户直觉体验与产品设计造型过程客观结合，进而实现人与产品的和谐融洽，能使用户获得精神上的愉悦与享受。

2.1.4 和逸性的论证基础

产品和逸性表征通常由人来进行信息获取与评价，即"人"是和逸性研究与认知的核心。人对客观事物的认知观、意识观、价值观以及思维倾向等决定了其认知加工模式（包括行为模式、信息获取与加工模式以及对知觉的处理等），这些时刻影响着相应产品知识系统的构建（包括产品外观形态、功能与技术的呈现以及产品的定位等）[89-90]，其关系如图2-3所示。因此，产品和逸性的论证通常从人的相关因素(human factors)着手，并通过观察一系列人的生理、心理变化及相关外部行为来论证产品和逸性程度或状态。

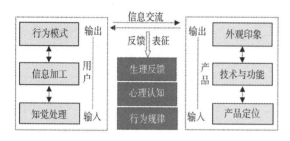

图 2-3　人（用户）与产品设计的相互影响

（1）生理基础

产品的和逸性认知依赖于人体生理感知系统，且受人体各个感觉器官的影响，用户将对产品体验过程的各类信息通过录入、编码、储存与提取等过程，进而形成感觉与知觉、记忆以及决策等相关的信息系统，并将相应的物理刺激转化为不同生理指标来对信息进行反馈，如心率(HR)、心率变异性(HRV)、血压、呼吸、血容量、瞳孔扩增率等。

如陈玉霞、申黎明等对座椅高度、深度等尺度指标采用 Tekscan 体压分布测量系统判断座椅的舒适度。肌电于 20 世纪 70 年代以来便在国外普遍用于劳动生理学测定方法中，尤其用于肌肉疲劳及相应工效学设计领域。目前在我国家具设计领域也已有涉及：金海明等通过采集被试者表面肌电信号对按摩椅的按摩效应进行了评价研究[91]；杨钟亮、孙守迁等同样采用表面肌电信号的人机评价模型在机械式按摩座椅上对肌肉疲劳缓解的绩效方面

进行了研究与验证[92]。诸如此类实验研究均从被试者生理层面获取指标，以判断相应产品与用户生理需求的和谐与共融。从本质上讲，这是相应产品与用户生理层面和逸性的论证。

此外，随着神经科学及脑认知科学领域的研究发展，设计学相关研究也逐渐开始关注用户认知客观事物过程中脑神经电信号变化。人脑是人生成各类心理与认知的核心器官，接受各感觉器官的信息输入，在不同的刺激作用下，人体大脑皮层及其皮下结构都在进行协同活动，进而形成复杂的感性认知。大脑皮层主要包含四个区域，即额叶、顶叶、颞叶、枕叶[93]，不同区域反映和界定了不同脑结构及其功能的相对特异性，对感性认知的分析与研究有重要作用。如图 2-4 所示，额叶处于大脑前部，是处理复杂的思维活动及感性情绪的重要部位，包括决策、注意控制、计划、工作记忆等；顶叶位于头顶部位且紧挨额叶之后，它负责处理与运动及方位或计算等有关活动；颞叶位于顶叶下方，并与额叶临近，主要处理声音、语言理解及记忆等方面活动；枕叶在顶叶和颞叶的后方，是主要的视觉功能处理中心。

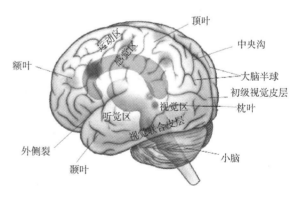

图 2-4　大脑皮层的形态结构

当人们看到某一产品时，其感性信息经视觉感受器官进行初步编码、加工后，转化为不同性质和强度的感觉信号，经由视神经传入大脑，并由枕叶的视觉中枢对相应信息进一步处理与整合，人再根据刺激信号的强弱及自身知识经验对感知到的信息进行分析与判断，最终完成对产品的认知并对其视觉信息做出决策与判断，而此过程中的大脑皮层电位变化也可由相应设备进行记录。这类脑信号指标是判断人对产品认知与评价的有效参考依据，相关研究也论证了人脑产生的脑电信号能真实反映人类认知情况 [94-95]。因此，以脑神经电信号为基础的生理指标也是产品和逸性的有效论证指标。

（2）心理基础

人对任何感性情绪以及对产品评价决策的产生，会有一个心理过程 [96]，而这种心理反应同样依赖于人体感觉器官（包括视觉、听觉、味觉、触觉等）的认知与加工的过程 [97]，并通过初级感觉认知系统发展为较高级、复杂的心理认知。感觉是人脑对客观事物的个别属性特征经神经系统加工后产生的反应，是较简单的心理现象，而知觉与思维以及感性情绪等都是以初级感觉为基础进一步生成，是人们对单一感觉刺激进行再次辨别、组织，并深入理解与加工后，多方位感觉属性的综合升华，并形成的稳定的心理认知 [97]，如图2-5所示 [98-100]。

相关研究认为，愉悦性情感是人对客观事物是否满足自身需求而产生的态度与情绪体验。人们内心深处的情感是在受到外界物理刺激后被激发出来的心理映射，这正如俄国思想家列夫·尼古拉耶维奇·托尔斯泰（Thomas E. Wartenberg）所提出的："要用动作、线条、色彩和声音来传达以及唤起心中的情感"。[101] 因此，论证和逸性的心理因素同样关键。

（3）行为基础

用户与产品的交互体验与认知评价过程中，往

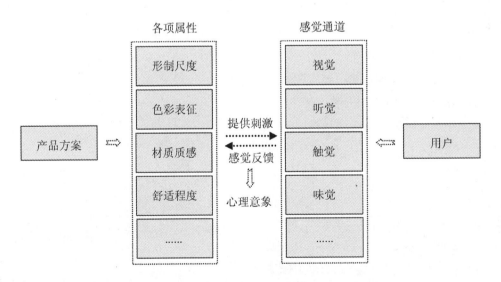

图2-5 综合心理认知的产生过程

往会产生特定的行为反应，这种行为反应在特定的环境中、具有特定属性的用户群体中，通常会形成有规律的行为特征，有的表现在身体外部（包括肢体动作、面部肌肉表情的控制、眼睛的运动规律等），有的隐藏在身体内部（如对相应产品做出评价与判断的反应时间，心理学中称之为行为反应时），且强度有大有小。诸如此类的指标均为用户对产品感性评价提供了理论基础。

如当前心理学研究领域常用的眼动追踪技术，是针对人观察某一事物的眼动行为进行的记录与分析，寻找眼动规律，进而挖掘人对相应事物的评价与判断。图 2-6 为眼动追踪技术在设计效果评价中的应用。从图中可观察到用户的视觉行为及注意力分配规律（用户关注度越高，红色区域越明显），并进一步对相应设计效果进行评价。同理，产品是否实现与用户的和逸性，相应的眼动行为反应可为其提供参照。

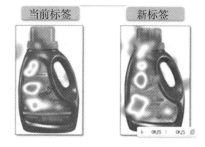

图 2-6 眼动行为在设计效果评价中的应用

2.2 视觉和逸性

视觉是人类获取外界信息最为重要的感觉通道。人的视觉动向、视觉轨迹及相应视觉规律是反映其认知内容及认知水平的重要指标。视觉和逸性理论从用户视觉感官出发，探讨由视知觉诱发的心理意象，进而挖掘人对"物"深层次感官认知的情感映射与直观表征。视觉和逸性认知及相应心理机制的研究可从生物学基础出发，获取人对产品的内隐性情感体验信息与意象加工活动，为开发符合用户感性心理需求的产品提供参考指标。

2.2.1 视觉和逸性研究界面

界面，即两个或多个物体之间的分界平面，抑或是同一物体不同部位之间的交界平面。产品视觉界面即由用户视觉感知系统认知观察的界面，也是视觉和逸性信息传递、交换以及信息反馈的媒介。产品的视觉界面主要包括具象界面与抽象界面两

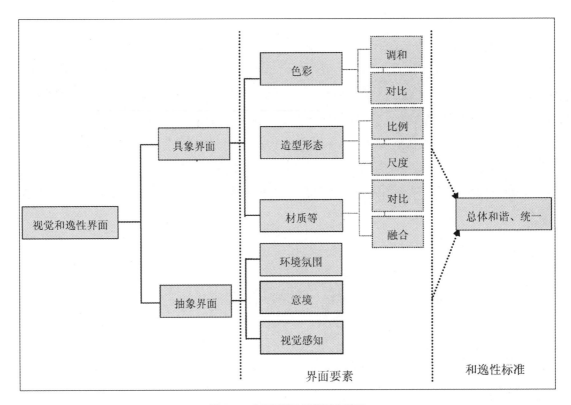

图 2-7 产品视觉和逸性研究界面

类，每类均包含产品多维度界面信息（图2-7）。

（1）视觉和逸性具象界面

具象界面即对象感知层面与物质层面，这是最初级也是最基本视觉和逸性层面[102-103]。人在观察产品具象界面后，可在大脑皮层视觉中枢形成视觉印象，而这一印象承载了产品的大多数可视化信息，主要可分为以下几个部分。

①色彩界面。

于产品设计领域，大量研究表明：产品的色彩界面能带给用户情绪、精神以及行为反应，如同类产品，红色界面积极而个性，黑色界面低调而稳重，绿色界面使人感到清爽，橙色界面带给人温暖感，

等等[104]。色彩界面可直接诱发用户感性情绪及对产品的直观体验评价，是非常重要的视觉界面之一。

②造型形态界面。

造型形态界面展示了产品的整体外观造型、可视化结构及相应功能性信息，是形成产品整体意象的关键。造型设计要素的组织构成、不同造型单元的视觉形态表征等，均会诱发用户不同的感性认知及评价判断。如部分产品的按键设置，有规律和秩序的原色排列形成了其外观形态，不同的功能布局传递了其功能信息。同时，不同的造型形态要素围合而成的视觉界面可引起人的审美心理效应。如规整几何形态传达了产品的机械化、现代化形象，而过度规律化的界面会让人感到沉闷；流畅的有机形

态使得产品时尚、个性，还可增添产品的柔和质感，然而过度复杂的流线形元素也会激起用户的反感。这些信息同样是用户的心理体验，可通过心理学测量手段获取这些信息。

③材质界面。

材质界面的信息传递也极为重要。不同的材质及肌理可使产品形成不同的视觉界面形象，如木质产品自然温和、玻璃产品时尚清爽、织物产品慵懒柔美等[105]。不同类型的产品其材质界面形象不一，因此，在某些状态下，通过材质界面也可辨识产品功能及使用范畴等信息。

（2）抽象界面

抽象界面即人的认知层面、精神与文化层面，这属于和逸性研究的高级层面。它是指基于物质层面并体现于技术层面的社会意识与审美能力，与人的生活习俗和审美情趣等特征有关。

总之，视觉和逸性研究是具象界面与抽象界面的统一，二者相辅相成。

2.2.2　办公座椅的视觉和逸性研究界面

办公座椅视觉和逸性界面同样是办公座椅具象界面（色彩、材质选择及造型要素及其形态表征等）的多维度视觉因素，以及人于办公环境中的抽象界面心理感知二者的统一。

（1）具象和逸性研究界面

就其色彩界面而言，现代办公桌椅大致有 5 种主要色调：黑色调、素蓝色调、暗红色调、灰色调以及棕色调。其中，黑、棕色调易给人以凝重感，

暗红色调庄重而不乏活泼，素蓝色调虽淡雅，却也不失明快，每种色彩都有它自己的语言。当前办公座椅的色彩选择多与办公空间整体色调相呼应，形成能促使职业人员集中思考的空间氛围，因此，办公座椅的色彩选择并不是一个独立的范畴，交叉考虑的因素较多，且不同的组合与布置类型较多且繁杂，需从多个角度有层次地开展相应研究。

就其材质界面而言，现代办公座椅的材质主要有真皮、PU 皮、弹性网布、布绒以及塑料等多种类型。其中真皮多用于领导办公室；弹性网布的适用范围较广，且透气性好，易清洗，色彩丰富，易与其他家具进行搭配；布绒在办公座椅上的使用较不常见；塑料椅子多用于办公休闲区域。因此，对于单纯的办公座椅而言，主要的材质类型即为真皮、PU 皮以及弹性网布。

就办公座椅的造型形态界面而言，座椅骨骼框架由座面、靠背、扶手、椅腿及头靠等造型要素组合构成，不同的视觉形态元素呈现其特有的外观构造、可视化结构及相应功能性信息。办公座椅的造型形态组合构件多样，几何形态丰富且组合方式存在差异，同时它是办公座椅色彩及材质元素的承载界面，因此，办公座椅的造型形态界面是其整体视觉和逸性研究的关键。

然而，因综合考虑色彩、材质、造型形态及相应之间的交互影响作用较为复杂，且不易确立研究变量，会加重对办公座椅视觉和逸性界面的研究困难。因此，本研究抛开色彩及材质界面因素，仅选择座椅视觉造型形态界面这一关键因素进行深入分析，以探讨不同形态办公座椅的视觉和逸性。

（2）抽象界面的空间环境界定

不同功能属性的办公空间，其环境氛围有所差异，并会因此而影响用户的心理感知与体验。普通办公空间仅为满足办公需要，为工作人员创造一个舒适、方便、卫生、安全、高效的工作环境，以便更大限度地提高员工的工作效率。而对于个性化办公空间，如设计类相关工作的办公室，会为体现个性化而增添其他装饰与陈设，使人在视觉心理感知中获得愉悦性。

本研究主要针对普通办公空间中座椅产品的视觉和逸性分析，并将该因素设置为固定变量，即用户对产品的视觉认知不受环境氛围的影响。

2.2.3 视觉和逸性的影响因素

视觉和逸性的研究目标是使用户心理认知与产品视觉界面信息的传达实现共鸣，因此用户的视觉认知与产品视觉界面形象是影响视觉和逸性的主要因素。然而，对于特定产品领域而言，其视觉界面属于固定变量范畴。因此，产品视觉和逸性研究主

要受相应用户视觉认知因素的影响。结合认知心理研究领域的视知觉信息加工原理可知，用户视觉认知因素主要表现在两个方面。

（1）用户视觉认知规律

视知觉是对客观事物作用于人类视觉器官的信息加工处理模式。格式塔心理学认为：知觉本身拥有能动性，能够积极主动地搜索与选择、组织并识别客观物体，具有较强的理解能力。阿恩海姆提出：视觉认知活动是指人积极地搜索、选择、对物体本质的把握、简化与抽象、分析与综合，并进行补足与纠正、比较以及问题解决，同时还需结合或分离某种背景或上下文关系，进而做出识别[106]。其实，这种理解的本质是认知主体知觉组织的过程，而并不是人通过缜密的逻辑思维能力进行推理归纳得来的结果，这是一种纯粹自发完成的过程，它有时在人还没意识到之前就已经发生。

图 2-8 是研究用户对网站的视觉认知规律时的眼动热点图，研究发现，用户浏览网页的视觉观察顺序为：顶部，左上角，左边缘顺势而下，而后

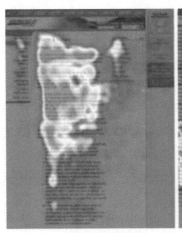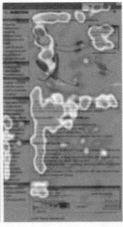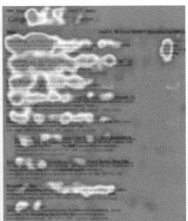

图 2-8 网页信息视觉认知的"F"形规律（眼动热点图）

再浏览其他位置，且位于右边区域的信息几乎得不到有效关注。从眼动热点图可直观地看出用户对网站的视觉观察模式呈现近"F"形态，因此F式布局是比较科学的网页信息布局方法[107]。这项研究是典型的对于用户视觉认知规律进行挖掘的研究，该研究成果为用户与网页设计的和逸性研究提供了科学参照。

人在生活中大量的视觉经验以及生活体验形成认知常识，长期的认知积淀会形成感觉参照，而这类参照会影响或补充人的感觉，进而影响人的视觉认知。因此，在研究用户与产品和逸性之前，需对用户认知相应产品的视觉特性及规律进行分析研究，而后有针对性地寻找其视觉和逸性研究的切入点。

（2）视觉选择性注意的影响

视觉注意是人类心理或意识活动对目标对象的视觉指向与集中，它具有一定的方向性和引导性，与客观对象的视觉界面信息有关。人物眼神指引作用属于视觉注意（visual attention）过程中的内生（endogenous）影响作用，可以对被试者的认知过程产生影响[108-109]。

美国著名心理学家霍尔·帕什勒(Hal Pashler)曾指出："人的视觉感知系统在特定时间阈限内仅可获得少部分刺激，且会选择性地映射于目标对象。"这一对象可能是在特定空间中占有优先位置的客观物体，也可能是特定物体的优势部位。这种将有限的心理资源在特定时间内聚焦于特定对象的视觉信息认知加工方式称为视觉选择性注意(visual selective attention，简称VSA)。它不仅是人类典型的视觉信息处理机制，更是重要的心理调节机制。它以桥梁的作用将外界信息与人的内在认知建立关联，并通过进一步感知、记忆、思考、想象等过程，形成对相应对象的意象和内在体验(图2-9)[110]。

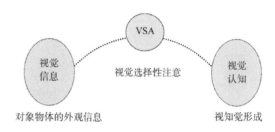

图2-9 视觉选择性注意(VSA)的桥梁作用

结合视觉注意相关理论，视觉注意可分为有意注意和无意注意两种类型[111]。于产品设计领域，为使得用户在产品视觉界面形成有意注意，设计师通常将设计重点放在对产品视觉元素的布局与提取等可视化内容上；而对于用户的无意注意部分，设计研究的重点将是针对如何能在尽量短的时间阈限内引起用户关注。因此，不同的产品视觉界面有不同的考虑内容，视觉和逸性研究需充分结合产品类型、功能布局及用户视觉注意特征，使得用户与产品的视觉交互更为有效且使人感到舒适愉悦。

2.3 视觉和逸性认知评价

从和逸性本质及其论证基础可知，和逸性的评价及测量研究与人的心理情绪研究具有某种程度的相似性。良好的用户视觉体验产生的和逸性表征可激发有效的生理唤醒度 (physiological arousal)、积极的外显行为 (motor expression) 以及愉悦的心理主观感受 (subjective feeling)[112]，这是论证和逸性的三个基础层面，也是和逸性认知评价及评价指标选择的切入点 (具体评价方式及指标见表2-1)。

表 2-1 和逸性评价指标

和逸性论证基础	表征		测量指标
生理唤醒度	神经系统变化	中枢神经系统	EEG MEG 脑内血液流速 ……
		大脑皮层神经活动或血液中的化学成分变化	
		周围神经系统	心血管活动：心率变异性、血压、心输出量、总外周阻力、射血前期等 皮肤电活动：出汗 皮肤温度 呼吸 瞳孔活动
		血压、心跳、出汗以及在情绪唤醒期间上下波动的其他变量	
	内分泌系统变化	有机体的重要调节系统，负责释放激素以及抗体	肾上腺素 甲状腺素 ……
外显行为	外部的行为表现主要是向他人传达情感的一种方式，包括能观察到的任何行为，同时也包括潜在的行为，或处于准备状态的行为以及与此相应的行为意图		面部表情 眼动轨迹 声音表达 手势 姿势 ……
心理主观感受	个体意识体验（思维、情感），能够使用丰富的情绪词描述自我情绪以便传达其对特定刺激的反应，或在一个两极分化量表上（如从"很不愉快"到"很愉快"）评估自我的感受		审美体验及愉悦性情绪

和逸性的评价及测量是获取人对产品生理及心理体验的主要途径，但因和逸性表征具有主观性，它模糊而松散，不可能直接从产品或用户本身获取，这便需要借助间接的评价方法进行测量，将模糊的定性表征量转化为定量的工学尺度，用更为理性和

科学的分析方法进行和逸性相关评价[113]。

根据和逸性评价及测量指标，模糊且复杂的和逸性表征可主要通过两种测量方法进行获取：心理感知的主观评价以及基于生理指标和行为动作的客观评价方法[114]，如表2-2所示。

表2-2　和逸性主观与客观评价手段

测量方法	具体手段	测量方式
主观评价	数字量表式主观报告	被试者通过自我语言描述或使用已设计的量表报告自我感受，如：语义差异量表（SD量表）
	图形化主观报告	实验室/问卷/访谈，被试者通过图片或动画表示自我的心理状态
客观评价	周围神经系统	皮电活动；各种生理信号测量仪器，如血压仪、心电图或多导生理仪等
	中枢神经系统	EEG、fMRI、MEG、ERP等
	外显行为	声音特征：振幅、音高 面部行为：面部肌电扫描，面部动作编码系统 整个身体的行为：行为观察 视线追踪：眼动仪

2.3.1　主观评价法

主观评价与人的心理及精神体验有关，通常可以以视觉"审美与偏爱度"指标体现出来，并通过主观报告测量，这种方法因其简单易操作而被广泛应用于产品评价研究中。

基于和逸性的感知特点，主观评价主要可以通过两种方式开展被试者的自我评价报告：一是从心理学角度，以认知心理学相关实验研究方法为基础，采用数字量表的方式获取被试者对产品的评价信息；二是结合心理学中对用户情绪的研究观点，以及情感化设计的相关知识，将评价量表进行图像化，以较为形象化的视图来减轻抽象化概念对被试者带来的文化或语言特异性的影响，进而使得其评价更为可靠。

（1）数字量表式主观报告

数字量表式主观报告操作简单易实施，是产品评价及使用体验情感测量中较常使用的方法，它可较为清晰地反映人对产品的心理体验。在当前设计研究与产品评价领域，数字量表式调查研究方法主要有以下几种，如语义差异量表法（semantic differential scale）以及李克特量表法（Likert scale）等。

①语义差异量表法。

语义差异量表法又称作语义分化量表法或SD法。它是美国著名心理学家Charles Egerton Osgood提出的一种用来测量事物或概念含义的量表，在心理学研究中极为常见。它主要是将相关

观念、客观事物或人的感觉以一对互为反义的形容词表示，并通过被试者所选择的形容词区间情况来反映其心理特征[115]。Osgood 等人认为，人类对相关概念或意象词汇有颇为广泛的认知共性，且不会因文化或语言差异而有较大不同，因此，对认知系统健全的研究对象开展调查研究是有效且简单可行的。

SD 量表采用互为反义的一组形容词来对目标对象进行感性意象描述，比如轻盈的／厚重的、灵活的／呆板的、现代的／古典的等。而后对每组形容词划分评价等级，在通常情况下采用 7 级量尺，并用数字表示其量值（如数字 1，2，3，4，5，6，7 或 -3，-2，-1，0，1，2，3）。图 2-10 则是使用 SD 法对座椅的各种属性进行评价。被试者要在这七个评价等级中选择他认为最合适的数值，最后对得到的数据信息进行因素分析和探讨，以便进行更为深入的研究。

在某些研究情况下也可采用 5 级或 3 级量表展开评价。经 Osgood 及其他相关研究者的多次实验测试，发现被试者对目标概念的反应大多在以下三方面出现差异：评价（好／坏）、潜能（强／弱）以及活动（快／慢）。这三个维度也是一般感性语义空间中最为主要的因素。SD 法所获得的结果，可对数据做概念间的对比分析、量尺间的差异分析以及被试者的评价等级分析，也可用图示以最为直观的形式表示测量结果。

②李克特量表法。

李克特量表是一种典型的心理反应量表，由美国知名社会心理学家 Likert 提出，该方法是通过调查问卷的形式测量被试者对于评价主体意见的认同程度，是目前调查研究中应用最广泛的量表法之一[116]。

该量表由一组陈述句组成，每项陈述有"非常不同意""不同意""不一定""同意""非常同意"五种回答，分别记为 1，2，3，4，5 五个认同等级。被试者需要评估对于每项陈述的认同等级。被试者态度的强弱或在这一量表上的不同状态是以其对各回答所得分数的总和进行体现。

（2）图形化主观报告

图形化评价量表的设计是采用可视化的卡通

图 2-10 SD 法对座椅产品的主观评价案例

图案表示用户对产品不同的体验或情绪状态，该评价量表无须文字基础，且可用于跨语言、文化背景的被试者，并可供儿童使用。目前在产品情感化设计研究领域常用的主要有 PrEmo 工具 (product emotion measurement instrument) 以及 SAM 自我评价模型 (self-assessment manikin)，这两种图形化主观评价方法都使用愉悦度以及唤醒度来描述用户的自我情感反应。

① PrEmo 工具。

PrEmo 是一套产品情感测量工具，这套工具系统的界面由 14 个可爱生动的卡通矮人形象组成，每个小矮人代表一种情感，即有 14 种不同的情感类型[117]。其中有 7 种愉快的情绪（如：惊喜、愉悦、赞叹、满意、被迷住等），7 种不愉快的情绪（如：鄙视、厌倦、不满、轻蔑、厌恶等）。

采用 PrEmo 测量工具进行调查研究时，一般需借助计算机界面进行图像呈现，在同一界面的左下角部分呈现研究对象，被试者根据自身对产品的情感体验，选择与其情感最为一致的卡通形象，在量表上通过对应评价等级来反馈自身相应的情感值（图 2-11）。

② SAM。

SAM 是佛罗里达大学 (University of Florida)

的情绪与注意研究中心教授 Bradley 和 Lang 设计的用于测量情绪及情感反应的自我评价等级系统，它是在 Mehrabian 和 Russell 的情绪 PAD 维度模型（愉悦度、唤醒度、支配度）[118-119]的基础之上建立起来的。SAM 的评价界面是采用抽象化的卡通人物图案表现用户对产品的愉悦度、唤醒度以及支配度三个维度（图 2-12）。其中，卡通图像的皱眉图案到微笑图案代表用户的愉悦度；卡通图像由昏昏欲睡到睁大双眼的图案代表对用户心理的唤醒度；而卡通图像尺寸由小到大的形象表示用户对其心理的控制度，图像越大表示用户对现状的心理控制度越高。在进行 SAM 自我评价调查研究时，被试者根据其自身情感体验及情绪状态选择相应的人物形象。最初的 SAM 研究是采用人与计算机交互的方式进行评价，如今已扩展到可以采用纸笔 (pen-and-paper) 形式开展研究，这便为群组及群集筛选提供了便利。

从本质上讲，在研究过程中若能保证对象与目的明确，且所选的被试者认真配合，无论采用数字量表式主观报告还是图形化主观报告均可取得信度较高的研究结果。当然，在研究中尽量避免或减少相应误差，可使得最终成果具有更高价值。

本研究的主观辅助实验主要在同一地域群体中

图 2-11　PrEmo 测量系统界面（左）及评价打分形式（右）示例

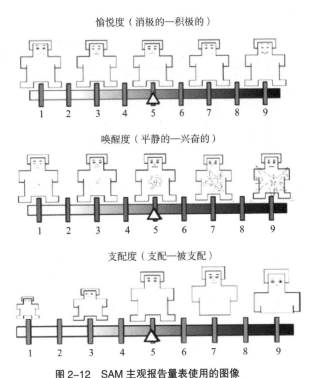

愉悦度（消极的—积极的）

1 2 3 4 5 6 7 8 9

唤醒度（平静的—兴奋的）

1 2 3 4 5 6 7 8 9

支配度（支配—被支配）

1 2 3 4 5 6 7 8 9

图 2–12　SAM 主观报告量表使用的图像

实施，不存在语言及文化差异，因此选择简单易操作的语义差异数字化量表 (SD) 辅助研究，以保证获得相应可靠的用户主观评价数据。

2.3.2　客观评价法

客观评价的直接目的是获取目标被试者的行为及其生理反应指标，包括在情感及情绪活动中诱发的用户神经系统表征（包括中枢神经系统、周围神经系统及相关内分泌系统等）以及相关外部行为表征（包括眼动轨迹、相关动作及面部表情等）的变化等，并以此推测不同产品对用户情感状态的影响以及不同情感状态下的常见度量表征情况。诸如此类的用户生理参数可采用相应仪器设备进行采集和深入分析。

随着用户体验的兴起以及相关研究的进一步发展，结合当前技术设备的进步，相关研究方法、工具及仪器设施也得到不断完善，为客观评价提供可靠的技术支持。其中眼动追踪技术可从用户生理与行为规律反映其心理特征，符合视觉和逸性论证基础；此外，事件相关电位 (ERP) 可从生理基础出发获取用户视觉刺激诱发的脑电指标[120]，可更为有效地论证产品的和逸性。

（1）眼动追踪技术

眼动追踪技术的效果是产品可用性测试、问卷调研或后台数据挖掘等研究手段所难以企及的。借助眼动技术研究不仅可完整地还原被试者关注各目标产品的视觉现象及视觉规律，还可通过划分兴趣区的方式分析被试者在不同区域内的视觉注意情况。眼动研究所提供的参数信息远不止"看"东西那么简单，它更是从深层反映被试者脑信息处理过程，被试者眼动模式与其脑信息的加工模式有着极为密切的关系。早在19世纪就有相关学者通过考察人的眼球运动规律来探索人的相关心理活动[121-122]。

眼动研究主要关注眼球运动的三种基本方式：注视(fixation)、眼跳(saccades)以及追随运动(pursuit movement)[123]。

①注视。眼睛对准目标对象，使对象清晰地成像于视网膜之上的眼动活动称为注视。注视行为将物体置于视网膜最为敏感的区域——中央凹(图2-13)，此时人们可获得大量有用的视觉信息。通过分析被试者注视点个数及注视时间可考察其对目标对象的关注度。一般来说，注视时间长且注视点个数较多的区域为被试者较为感兴趣的部分。

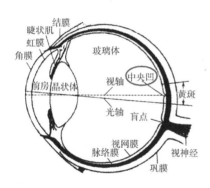

图2-13　人眼横切面示意图"中央凹"位置

②眼跳。眼跳即被试者改变注视点位置，使下一步关注对象落于中央凹附近，以获取大量有效信息的眼动活动。被试者眼睛从一个注视点转移到下一个注视点的跳动距离为眼跳距离(单位：度)，它表示两个注视点之间的广度。眼跳距离是反映被试者知觉广度的重要指标之一，眼跳距离越大，则说明被试者的一次注视行为所获取的信息量越大。此外，在被试眼跳的过程中形成了眼球运动的轨迹，通过分析这个运动轨迹，可得知人们观看目标对象的先后顺序以及对相应对象的信息加工过程和规律。

③追随运动。被试者观看物体运动时，若头部保持不动，为使得眼睛总是注视在该物体上，则眼睛需追随该物体移动，这种视线随物体转移的眼动行为称为追随运动。

综合各领域研究报告发现，在利用眼动仪设备开展相关心理学研究时，通常在分析以上三种眼动方式的基础上，对注视点轨迹、眼动时间(首次注视时刻、首视时长以及总注视时长等)、注视次数(注视点个数)以及眼跳方向(direction)、瞳孔大小等眼动参数指标进行对比分析、差异性分析以及与被试者主观报告的相关性分析等研究，同时，对目标研究对象的眼动热点图进行直观描述及定性分析，以此为相关领域提供科学有力的参考依据。

（2）事件相关电位技术

从本质上讲，用户对产品的评价及情感体验均是客观物体刺激作用于人的大脑之后，由大脑皮层与皮层下神经协同作用的结果。大脑不仅支配人的思维和行动，它也是控制人的情绪及其他神经功能的最高决策系统。因此，若想深层挖掘用户对产品的情感体验及心理反馈，需密切结合以脑活动为基础的神经生理信息，从本质上探索用户对不同产品的神经生理表征[124-126]。

脑成像技术中，事件相关电位技术可通过记录被试者大脑对相关刺激连续而多维的脑信号，以此为参照来揭示被试者大脑中快速产生的感觉及相关认知过程，包括脑功能区域的活动状况及激活的时间信息，从这些相关信息中探讨其隐含的认知能力与执行认知过程的心理表征。ERP 具有高时间分辨率，它可在毫秒级别通过头皮分布及脑地形图反映相关刺激的实时电压波动状态[116]。同时它不会对被试者造成创伤且操作相对容易，因此，ERP 在心理学及相关研究领域得到了广泛运用。表 2-3 为各类脑成像技术的优缺点比较。

表 2-3 当前各类脑成像技术比较

名称	脑电图	脑磁图	功能磁共振成像	事件相关电位
简称	EEG	MEG	fMRI	ERP
测量生理参数来源	脑区电位变化	脑神经活动所放射的磁信号	脑区血流量及耗氧量变化	脑区电位变化
获取技术	头皮表面的电压波动	传感器	放射性元素或磁场	放大器／叠加平均技术
优点	快捷、耗资低，可提供与每个电极最为接近的脑区相关神经活动的毫秒级信息	高时间分辨率，能记录脑细胞活动瞬时变化，而不是电活动（电流产生的磁场）	高时间分辨率，潜伏期稳定且波形稳定	比 EEG 更高的空间分辨率
缺点	无法记录脑部深层活动信息，且对脑区定位的空间分辨率差	低空间分辨率	需较多刺激叠加	低时间分辨率，且不能成像出细微的皮层下结构，也不能对皮层的激活情况进行细致分析，且价格过于昂贵

用户的情感及相应情绪并非自发产生，它是由内部或外在刺激诱发形成的，因此，ERP 是一种有效地反映人类大脑高级思维活动的客观测量方法，已在认知研究领域得到广泛运用。尤其是在有关心理评价等活动过程中的诱发情绪及注意研究领域，ERP 已成为重要的辅助测量工具。目前在国际范围内对诱发情绪及情感体验信息加工的脑电研究中，ERP 技术的应用也最为广泛。它根据被试者的情感体验及认知的生理过程所记录的相关头皮电位，来深层挖掘被试者的心理活动轨迹以及大脑的相关表征。

基于以上分析，本研究选择 ERP 技术作为观察办公座椅不同视觉和逸性程度下的脑认知研究与评价验证，以期获得更为可靠的神经生理参数，并与经典 ERP 成分进行对比分析，为后期相关分析与研究提供依据。

3／

办公座椅造型要素的视觉形态

研究对象定位
样本调研
办公座椅造型要素及其视觉形态分析

3.1　研究对象定位

办公座椅 (office chair)，办公环境中配合桌面作业的椅类家具，通常具有多维空间尺度的可调节功能，是办公家具重要组成部分之一，亦是办公家具设计的核心内容[127-128]。全国资深同业公司组成的行业联盟——Office Mate 办公伙伴将办公座椅从广义与狭义角度进行了划分，狭义的办公座椅指人在以坐姿状态从事桌面工作而使用的靠背椅，而广义的办公座椅指所有用于办公空间的座椅产品。结合办公空间，并参照国内外办公家具企业的分类方法，可将办公座椅分为老板椅 (boss chair)、主管椅 (executive chair)、职员椅 (staff chair)、访客椅 (guest chair)、会议椅 (conference chair)、培训椅 (training chair) 等。

本研究拟定以职员座椅 (staff chair) 为目标研究对象，以其为切入点对现代市场常见的办公座椅进行调研，并对其造型进行视觉形态表征的分析与整体挖掘。选择职员座椅主要是出于以下几个方面的原因。

①职员座椅相对于其他各类座椅在办公空间中的应用最为广泛，相对于老板椅或主管椅等类型的办公座椅而言使用率最高。

②就功能特征而言，职员座椅是便于办公室职员从事相关作业活动最为重要的家具，是最具有典型意义的办公座椅类型。

③就装饰角度而言，职员椅不像主管椅或老板椅等为追求奢华、体现等级文化而添加过多的额外装饰，它外观简洁明快，无过多装饰元素。因此，对职员座椅整体形态进行分析，会更有利于排除相关不确定因素的干扰，更易于整理和分析座椅本质的造型要素及其视觉形态特征。

3.2　样本调研

为保证研究的可行性及各因素的可控制性，本研究从视觉感官体验出发，深度挖掘办公座椅产品视觉造型要素及其相关信息，多维度搜集职员座椅产品造型要素及其视觉形态表征。

3.2.1　样本调研方式

为保证研究的完整性与高信度，在前期调研阶段需从宏观范畴，大范围搜集相关资料，整理市场常见并具有典型代表的职员座椅图片。本研究主要通过以下方式开展调研，以获取相关资料及图片信息。

①互联网图片。于各大网络如 Google、百度等搜索引擎中输入"办公座椅""办公椅"或"office chair"等关键词，全面搜寻座椅图片。

②国际主流电子商务网站。通过京东、亚马逊（美国）、LOTTE（韩国）等网站进行办公座椅图片收集。

③国际办公家具网站。访问赫曼·米勒（Herman Miller）、Steelcase、HNI、诺尔（Knoll）等世界范围内领先的办公家具企业的官方网站搜寻相关座椅图片。

④产品宣传图册、杂志等平面媒体。通过阅读办公家具相关杂志及产品图册，摘录相关图片，纳入办公座椅图片资料库。

⑤实景拍摄收集。于各大家具卖场（如红星美凯龙等）及企业展厅等拍摄相关座椅图片，保证图片清晰度及造型呈现的完整度。

在广泛收集办公座椅产品图片阶段，暂不考虑产品材质特色、色彩搭配或价格等因素，以尽可能大范围地获取座椅产品样本素材，初步建立了研究对象的样本素材库。

3.2.2　结果整理与样本库构建

整理初期调研素材,将素材库中座椅图片重复、造型雷同及形态过于相近的图片予以合并，并剔除多余图片，重新组成样本素材库。

因本研究重点考虑办公座椅的造型要素及其视觉形态特征，故将样本库中的各个座椅图片用 PS 等相关设计辅助软件进行统一化处理，如色彩的统一及相关材质的视觉化统一等，并将其统一调整为合适的尺度大小。为便于后期观察与分析，本研究尽量筛选 45° 视角下的座椅图片，统一背景及亮度与对比度，减少或避免座椅图片角度或光线对后期观察的影响。

基于以上步骤，本研究构建了职员座椅造型与视觉形态分析的图片样本素材库，其中包含座椅图片 133 张，涵盖震旦、优比、圣奥及 Knoll、Herman Miller、HNI、Steelcase 等国内外知名品牌。图 3-1 为职员座椅部分素材样本示例，完整的样本素材库详见附录一。

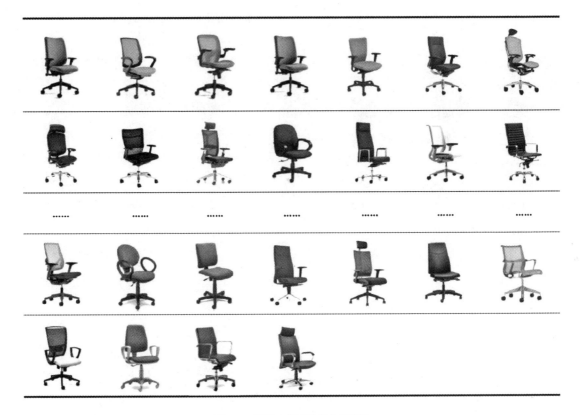

图 3-1　职员座椅图片样本库示例

3.3　办公座椅造型要素及其视觉形态分析

3.3.1　形态分析法与办公座椅基本构造

造型是指满足产品目标功能的多个构成要素[129]，造型特征即各构成要素的视觉形态表征，是设计师有目的性和针对性地对产品各构件进行的不同类别的设计。产品造型及其视觉形态是通过其尺度、比例、形状以及各要素之间的相互关系而营造出的产品整体氛围，并借助用户视觉感官而形成不同的形态意象[130]。

用户与座椅的和逸性正是建立在对其形态意象充分认知的基础之上。因此，为后期更好地挖掘用户对不同造型办公座椅的和逸性，需对相应座椅产品的造型要素及其形态表征展开深入分析。

本研究主要采用形态分析法相关理论开展办公座椅造型要素及其视觉形态分析。就产品设计领域而言，形态分析法是指将相关产品分解为若干造型元素子系统，并将相应子系统再次分为不同单元，直至分解成为不能再被分解的基本形态要素[131]。设计人员可对相关基本造型单元进行独立认知，并可根据其他设计任务或需求对相应单元重新组合，以此形成更为丰富的同类而不同质的产品形态。图3-2为基于形态分析法的产品设计过程。本研究主要挖掘办公座椅造型特征，因此需重点关注前三个步骤将座椅各要素单元的形态表征展开分析。

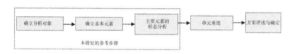

图 3-2 基于形态分析法的产品设计过程

从本质而言，形态分析的研究过程与托尔曼的"符号－完形"学习理论指出的特征符号认知模型相似，如图3-3所示，产品整体形态 S 由多个模式特征层级（造型要素）的刺激共同构建，将各模式特征（造型要素）定义为 S1，S2，S3，…，Sn，而不同的模式特征包括多种次级特征形态，进而可将产品整体进行逐层分解[132]。

$$S=\{S1，S2，S3，\cdots，Sn\}$$
$$S1=\{S1a，S1b，S1c，\cdots\}$$
$$S2=\{S2a，S2b，S2c，\cdots\}$$
$$\cdots$$
$$Sn=\{Sna，Snb，Snc，\cdots\}$$

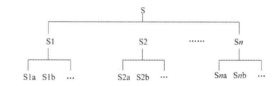

图 3-3 产品特征分解认知模型

基于以上原理，职员座椅基本构造单元主要包括座椅靠背、靠背支撑结构、头枕、座面、座面支撑结构、扶手、相关调节装置（底盘和操纵杆）、气杆、三节套、椅脚与脚轮等多个不同类别的相关部件[131]，各独立造型部件或多个部件的相互组合与变换构成职员座椅相对独立且完整的功能与视觉形态（其结构与功能见表3-1）。

表 3-1 职员座椅基本造型的结构

职员座椅基本构件	图片示例	基本功能
靠背		支撑用户背部压力，缓解人体背部疲劳

职员座椅基本构件	图片示例	基本功能
靠背支撑结构		靠背主要支撑构件，对形成靠背视觉造型起关键作用
头靠		与座椅靠背相互配合，缓解用户头部及颈椎疲劳
座面		座椅的基础构件之一，主要起支撑作用；通常采用软包形式，用以缓解用户臀部压力及疲劳
座面支撑结构		通常采用塑胶配铁片，以座面骨架的形式承托座面软包，并决定座面的视觉形态
扶手		用户的肘部支撑构件，承托肘部压力；丰富座椅整体造型，营造舒适性意象
相关调节装置 （底盘及操纵杆）		功能构件，可调节座面升降，以配合用户对座面高度尺寸的需求
气杆		座椅升降系统支撑与相关调节结构
三节套		对椅腿支撑部位起防尘与装饰的作用
椅脚		座椅五星脚架，支撑座椅整体结构，稳定性强，并可在视觉上增添座椅整体美感
脚轮		提供座椅移动功能，通常为万向轮

办公座椅形态要素的视觉和逸性研究

充分解构后的职员座椅构件类别较多，不利于后期形态分析及视觉和逸性的研究与探讨。因此，本研究再次结合职员座椅样本图片，从直观可视化角度对相关部件的组合与构造状态进行深层整合，结果发现：靠背及其支撑结构为组合构件，支撑结构提供主要轮廓框架，靠背覆面完善形态特征，二者一体化且缺一不可，本文直接将二者视作"靠背"；座面及其支撑结构同样如此；而座椅的调节装置连同操纵杆等基本处于座椅同一部位，可将其定义为"座椅调节装置"；对于椅脚与脚轮两部分而言，各脚轮形态基本一致，且与椅脚配合后才可承载相应功能，因此可将二者组合；此外，对于座椅气杆等相关配件同属于座椅支撑结构，上支撑座面、下连接椅脚及脚轮，由于它与座面形态差异较为显著，通常在观察过程中与下部椅脚部分被统一认知，因此，本文将座面以下除调节装置外的构件定义为"腿部支撑"。

综合以上分析，本研究将初期多个类别的构件综合为五个基本构件（图3-4），即座椅靠背、座面、扶手、座椅调节装置及腿部支撑，各部分特性对座椅整体形态意象有不同的作用。

3.3.2 办公座椅造型要素的视觉形态分析

"形"是"物"最为直观的视觉表象，且承载着"物"最关键的认知信息。办公座椅的"形"传达了其结构约束及用户感知要素，是深度认知该类家具产品的基础媒介。职员座椅靠背、座面、头靠、扶手、座椅调节装置及腿部支撑等均为座椅造型的独立构件。市场中职员座椅产品的丰富源于各独立构件均包含多种不同的形态特征，用户对座椅产品的视觉关注及认知也是基于相应信息。为后期更深入而全面地了解用户与职员座椅和逸性条件下的造型特征，下文将对职员座椅各个独立造型要素的典型视觉形态进行分析。

3.3.2.1 靠背形态

靠背是办公座椅的主体部件，通过直接与人体背部接触而对人体提供支撑作用。面是靠背的基本造型元素。在现实综合视角观察下，靠背外观呈现立体效果的面形象，并拥有多种几何形态。几何学研究中，面具有特定的位置与长、宽表现，且会给人产生单纯而直接的心理意象，使职员办公座椅造型简洁、干练。此外，靠背侧面轮廓的线条化形态及整体填充方式呈现的视觉效果等都是靠背部件典型的多维度视觉表征元素。

（1）靠背立面形状

结合职员座椅样本素材库资料统计研究后发

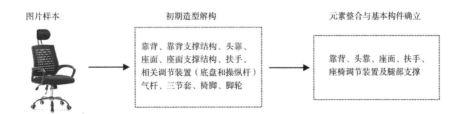

图3-4 职员座椅基本造型元素确立

现：座椅靠背立面形状既有较为规整的几何化形态，又有几何形态的扩展变形体。结合心理学及设计学相关研究可知，每种几何化形态通过视觉刺激可给用户产生不同的心理意象及感性认知效果。表3-2为整理后的典型靠背立面形态及其典型视觉意象。

表3-2 靠背立面形态及其典型视觉意象

立面几何形态		图片样例	视觉意象
正方形			长、宽尺度基本一致，视觉稳定感强，易产生庄重、稳固而端正的视觉意象。然而因其缺少变化，会显得较为单调
矩形	长		具有恰当的长、短边比，外观形态变化丰富，在家具造型中应用广泛。但也较易产生单调感
	短		灵活度高、轻巧自然，虽简洁但易显低档
梯形	长		上小下大，视觉稳定感及支撑效果均较好，但若上、下线条比例不当，易形成笨重感
	短		与长梯形相比多了一份轻巧与灵活意象
倒梯形	长		梯形的倒置形态打破常规印象，呈现活泼状态
	短		轻巧、灵活感较好，但需注意上、下线条比例的适当设置，不当的话会形成视觉的不稳定感
椭圆形			椭圆形为圆形的扩展形，椭圆靠背单纯饱满且更富有动感，有流畅而典雅的视觉感受，但在稍高档的职员座椅中应用并不广泛

从靠背视觉形态来看，它并非机械地运用规整的基本几何元素，而通常是将其边角等部位给予适当的圆滑过渡，并保留其基本要素的形态面貌。

此外，前期建立的职员座椅样本库中还存在其他类型的靠背形态，这些多为上述统计的基本几何元素的形态变体（图3-5）。运用变体可打破传统形象，追求个性化表现，通常用于设计类工作部门及相关部门的职员座椅之中。因形态与几何形态差异较大而无法将其归入上述几种靠背形态当中。经统计发现，这些类型仅占整体部分的2.79%，比例较低（图3-6），因此，不将其纳入整体研究的范围之中。

靠背立面形态设计要素可归结为正方形、矩

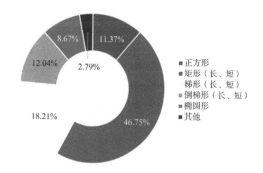

图3-6　不同靠背立面形态占有的比例分布

形、梯形、倒梯形以及椭圆形五大类具有典型代表意义的形态。

（2）靠背侧面轮廓

多样化的靠背视觉形态除立面几何形状之外，还有相应立面形状与靠背侧面轮廓线形的组合及变形。靠背的侧面轮廓特征主要反映在座椅左、右视图中，透视图也较容易观察相应线形设计特征。结合职员座椅样本库图片对靠背侧面轮廓进行分析，相应视觉形态表征归纳结果见表3-3。

图3-5　靠背基本几何元素的形态变体形象（个性化）

表3-3　靠背侧面轮廓线形及其视觉意象

侧面轮廓线形	图片样例	视觉意象
直线形		直线形侧面轮廓挺拔向上，有耸立之感，然而却给人生硬、不适的视觉感受
微弧形		微弧形圆润流畅，背部支撑较好，给人以柔和之感

侧面轮廓线形	图片样例	视觉意象
J 形		J 形轮廓在微弧形的基础之上凸出底部曲线，这在丰富靠背形态的同时增加了腰椎支撑，使得用户背部舒适度增强
S 形		S 形在长靠背座椅中使用较广泛。该形态圆润柔和，且与人体脊柱曲线形态一致，舒适度较强

表 3-3 中所示的微弧形、J 形及 S 形三种侧面轮廓线形使用较为广泛，且 J 形与 S 形多出现于长靠背座椅中，微弧形轮廓则在各类座椅中均有出现。直线形轮廓在职员座椅中使用较少，且多数在短靠背座椅中出现。

基于以上分析可知，职员办公座椅靠背侧面轮廓线形以直线形、微弧形以及 J 形和 S 形为主。

（3）靠背填充类型

职员座椅的靠背视觉特征除各个视图中的几何形态外，还有因材质差异而导致的视觉填充差异。本研究不考虑职员座椅的材质因素（材料种类、质感及色彩），仅对其直观视觉现象做统一分析。

结合职员座椅样本图片可发现，材质选择差异导致的视觉表象除材质质感及色彩之外，其视觉通透性同样影响观察者的感受，且这类填充效果主要有两种表现：封闭密实型和网格通透型。其图片样例及视觉意象分析见表 3-4。

表 3-4　职员座椅靠背填充效果差异对比

视觉填充类型	图片样例	视觉意象
封闭密实型		密实型靠背视觉稳定感较强，且可体现庄重严肃的形象，舒适度较高，然而易使人产生厚重感
网格通透型		网格通透型靠背视觉灵活自然，轻巧简洁，舒适度较高

封闭密实型与网格通透型靠背类型在职员座椅中具有同样广泛的使用程度，可带给用户不同的舒适度感受。

3.3.2.2 座面形态

座面是办公座椅中重要的人体支撑结构，其形态同靠背造型相似，均由基本几何形态元素或其变形形态呈现。然而从图片观察可发现，座面位于座椅近中间位置，在正常视觉状态下，由于透视角度的存在会使得座椅的座面发生较大变形，易导致观察者不易识别或识别失真。因此，本研究在对职员座椅图片观察的基础上，通过市场调研并进行现场总结发现，职员座椅的座面形态主要如表3-5所示。

表 3-5　职员座椅的座面形态及视觉意象

座面形态	图片样例	视觉意象
矩形		矩形座面端正、稳定，但过于单调
马蹄形		在矩形基础上添加曲线形态，曲直结合的状态使座面整体在规则端正的基础上呈现圆润流畅之感，同时舒适度增强
椭圆形		椭圆曲线的座面呈现圆润的运动感，柔和自然，舒适感强。通常与椭圆靠背搭配使用

职员座椅的座面造型主要以矩形和马蹄形为主，且在座椅产品市场中占有较大份额。椭圆形座面因其曲线形态而使其应用受到限制，它与矩形、梯形等靠背通常因线性差异较大而几乎不能搭配使用，它仅能与曲线形态显著的造型构件搭配。

座面形态设计要素主要表现为矩形、马蹄形以及椭圆形三类，然而无论何种形态的座面，在图片透视角度下均呈现了不可避免的变形。

3.3.2.3 扶手形态

扶手在办公座椅中以配件的形式出现，其形态多表征为线元素，造型简洁明快且极具现代感。结合职员座椅样本图片相应扶手的表现特征发现：扶手形态多样化，其组合在视觉上有的呈现线性延伸，有的适度中止，有的开敞扩张，有的闭合成型等，使得座椅具有较为明快的现代感。此外，还有部分座椅因成本或设计定位等因素的限制而并未设置扶手构件，这便使得职员座椅呈现最为简洁的造型状态。综合各类图片素材及视觉形态信息，本研究将座椅的扶手形态归结为六类，如表3-6所示。

表 3-6　职员座椅的扶手形态

扶手形态	T 形	倒 L 形	一字形	三角形	圆角三角形	无扶手
图片样例						

此外，职员座椅样本图片库中仍有部分扶手形态，或为上述扶手形态的变体，或为创新型扶手设计而不被经常使用，但因其造型特异皆不可将其纳入上述归类中。统计发现，该类特殊类型的扶手在市场产品中的占有率仅为 3.68%，因此，本研究不将其纳入后期研究范畴。

综合以上研究与分析可知，职员座椅的扶手形态要素可被归结为 T 形、倒 L 形、一字形、三角形、圆角三角形以及无扶手等六种具有典型代表意义的形态。

3.3.2.4　座椅调节装置

座椅调节装置为办公座椅整体造型构件中较为复杂的结构。它是根据使用需求的差异而设计的综合调节构件，常用来满足座椅的座面高度调节及靠背的倾角程度调节等使用需求。座椅调节装置强调功能属性，并具有一定的标准化和通用化程度。就视觉直接观察的角度方面而言，因其通常位于座面底部而易读性较弱，但从其对观察者产生的感性意象方面而言，它也会产生某种程度的影响。

通过对职员座椅样本素材库图片的分析发现，座椅的调节装置因其通用性而同质化现象较为严重。结合对相关用户及观察者的意见评论，可将该调节装置在视觉角度大致分为简单型与复杂型两类（表3-7）。

表 3-7　职员座椅调节装置整体视觉形态表征

座椅调节装置类型	图片样例	视觉意象
简单型		简洁、易用、灵活性强，与座椅搭配后轻巧且不累赘
复杂型		增强座椅底部视觉稳定感，提升座椅档次，功能性较全面

简单型座椅调节装置与复杂型座椅调节装置在造型形态方面确实存在显著差异，然而因其不处于优势视觉位置，较易引起观察者忽视，因此，仅使用图片素材研究其造型形态表征具有某种程度的限制性。

3.3.2.5　座椅腿部支撑

腿部支撑包含多个构件单元，如气杆、椅脚及脚轮等，该类构件均属通用化单元，其外观形态同质化现象极为严重。结合职员办公座椅样本库素材可知，腿部支撑的外观形态在其椅脚部位稍有突出。

椅脚通常为"五爪式支撑脚"，与脚轮搭配可视为点与线的组合。脚轮元素形态差异较小，而椅脚的造型变换使得其与脚轮配合后的形态产生了稍显著

的差异。经深入观察分析可知，常见的职员座椅的椅脚形态及图片样例如表3-8所示。

表 3-8　职员座椅的椅脚形态及表征

椅脚形态	图片样例	视觉形态
五爪直立		椅脚的五爪为近似直线形态，以适度的向上倾角向中部汇集，聚点离地面距离稍远
五爪贴地		五爪各支脚以近似平行于地面的直线形式向中汇聚，聚点与地面距离较近
五爪抓地		椅脚五爪以具有一定弧度的线形向中汇聚，聚点离地面稍远

腿部支撑的椅脚形态可归结为：五爪直立、五爪贴地以及五爪抓地三种形态。样本库中的座椅椅脚形态基本都可划分至上述三种之中。

3.3.2.6　其他形态要素

在对办公座椅造型特征的研究中，除关注各构件单元自身形态要素之外，各单元要素之间的相互关系（如两者之间的位置关系等）也需纳入研究之中。依据对职员座椅大量的样本素材分析发现，需

考虑的各单元相互关系主要有以下两个。

（1）座面与靠背构件的关系

职员座椅的座面与靠背虽是两个独立的构件单元，但因造型设计的需要，二者在座椅整体中常以不同的形式呈现。结合对大量座椅图片的观察与分析可知，座面与靠背常见的关系形式有三种：一体化、二者分离、贴近。示意图及图片样例见表3-9。

表 3-9　座面与靠背构件的关系示意图及视觉形态

关系形式	示意图	图片样例	视觉形态
一体化			座面与靠背构件为一个整体组合构件，二者之间无间距，视觉稳定感较好

续表

关系形式	示意图	图片样例	视觉形态
分离	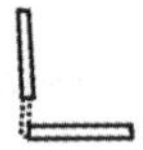		两构件的独立单元形象明确，座面与靠背之间有明显间隙，大多为短靠背与座面的结合形式
贴近			座面与靠背构件为独立单元，视觉位置贴近，几乎无间隙

（2）头靠与靠背构件的关系

在高档职员座椅中通常会设置头靠构件，它是对用户头部起支撑作用的重要单元构件，其形态多为较小尺度的面形态，并与靠背构件相呼应，且二者存在某种程度的相互影响。如在形态设计方面，矩形靠背通常配备小矩形头靠，而椭圆形靠背通常配置椭圆形或曲线形态较为显著的头靠形式，其具体情况通常视设计动机而定。结合职员座椅样本库图片，从视觉方面分析发现，头靠与靠背的关系主要表现在两个方面：贴近与分离。此外，考虑到多数普通职员座椅设置有头靠部分，因此，本研究认为头靠与靠背的关系主要表现为三种类型：头靠与靠背贴近、分离以及无头靠。示意图及图片样例见表3-10。

表 3-10　头靠与靠背构件的关系示意图及视觉形态

关系形式	示意图	图片样例	视觉形态
相连或相接			头靠与靠背直接贴近，且呈现矩形小"面"，与靠背形态和弧度具有一定的呼应关系
分离			两构件之间有明显间隙，后部构件作为连接支撑，视觉形态呈现出一定的力度感
无头靠	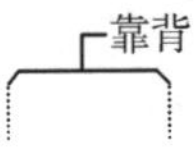 靠背		无头靠，整体简约，以腰背部支撑为主

综合以上对大量职员座椅样本素材的形态解构与分析，本研究获得了座椅造型典型设计要素及其视觉形态表征，可为后期研究不同座椅造型与观察者的视觉和逸性关系奠定基础。将各造型要素定义为设计项目 (design items)，其形态表征定义为不同类目 (categories)，统一整理前期研究与分析结果，具体内容见表 3-11。

表 3-11　职员座椅造型单元及其形态要素归纳

设计项目	类目
靠背形状	矩形（长、短）、正方形、梯形（长、短）、倒梯形（长、短）、椭圆形
靠背侧面轮廓	直线形、S 形、J 形、微弧形
靠背填充类型	网格通透型、封闭密实型
头靠与靠背关系	相连或相接、独立分离、无
座面形状	矩形、马蹄形、椭圆形
座面与靠背的关系	一体式、贴近式、分离式
扶手	T 形、倒 L 形、一字形、三角形、圆角三角形、无
座椅调节装置	简易型、复杂型
腿部支撑	五爪贴地、五爪抓地、五爪直立

注：“靠背侧面轮廓”为座椅侧面视图轮廓形态。

办公座椅视觉特性研究

视觉特性研究目的
视觉特性研究方法与过程
眼动结果与分析
主观评价结果与分析

4.1 视觉特性研究目的

前期研究可知，以职员座椅为代表的办公座椅造型主要包含靠背、座面、扶手及腿部支撑结构等造型单元，并自上而下构成座椅的整体视觉形态。结合心理学研究可知，人的视觉认知规律及视觉选择性注意与人的心理或认知活动有密切关系，其指向性与引导性反映了用户对客观对象视觉信息的获取、加工处理与认知特征。因此，深度了解用户对职员座椅各元素的视觉关注程度是进一步开展和逸性研究的基础。

基于以上观点，本研究采用眼动追踪技术结合被试者主观评价的自我报告，对典型职员办公座椅进行实验研究，目的有以下几个。

①了解用户对职员办公座椅的视觉注意动向特征，掌握其视觉关注模式。

②根据用户视觉选择性注意模式，探索职员办公座椅各造型要素的视觉关注程度，并进一步了解座椅的视觉优势部位。

③结合主观评价量表，了解用户对职员办公座椅各造型要素形态在座椅整体的审美影响程度评价，确定用户对各造型要素视觉形态的重视程度，为进一步探索办公座椅造型视觉和逸性奠定基础。

4.2 视觉特性研究方法与过程

4.2.1 被试群体

依据心理学实验研究相关模型，于目标用户群中选择多个行业人员 60 名组成被试群体，以保证研究结果的完整性。被试者平均年龄 25.6 岁，裸眼视力或矫正视力 1.0 以上。

被试者实验前 6 h 未看电脑、电视或手机，无眼部不舒适症状，女生眼部无浓妆。

4.2.2 实验素材

实验素材的确立经过了以下步骤。

①根据前期对职员办公座椅造型的分析，于座椅样本素材库中筛选出 18 个代表性样本（涵盖国内外领先办公家具品牌），其中无扶手无头靠、有扶手无头靠以及有扶手有头靠的座椅图片各 6 张（具体实验图片见附录二）。

②所有样本用 3Dmax 软件重新建模，去除品牌标识及可能干扰被试者观察的线索。选取座椅的 45° 视角的图片并采用 35% 灰色为背景对图片进行渲染，而后生成正式实验素材。

③为保证实验顺利开展，选取素材中的 3 张图片作为练习材料（无扶手无头靠、有扶手无头靠以及有扶手有头靠的座椅图片各 1 张）。

4.2.3　实验设备

本实验采用美国 Tobii 1750 眼动仪（采样频率为 250 Hz），结合 ClearView2.7.0 软件系统对被试者的眼动行为进行记录。实验素材由 19 英寸纯平显示器呈现，其刷新率为 85 Hz，分辨率 1024 dpi×768 dpi。

实验中，被试者与显示器中心的距离约 0.6 m，且眼睛正对显示器中心。

4.2.4　实验程序

本实验分为眼动实验和主观评价实验两部分。被试者首先完成眼动实验，而后完成主观评价。两实验均在隔音、控光的感性工学实验室开展。主要程序如下。

①被试者进入实验室后，坐在仪器前面 0.6 m 的地方，调整坐姿以保持舒适状态，而后主试者对仪器进行校准。

②主试者说明实验指导语，指导语大致内容如下：下面将呈现多张职员办公座椅图片，其品牌、价格、用材等指标均一致，请根据平时观察习惯认真观看，结束后请完成主观评价。主观评价量表根据语义差异法（SD 法）制作，本研究采用 7 级量表，主要针对各造型要素形态对座椅整体的视觉审美影响度进行评价，以 3-3 的打分制，被试者选择的数字越大，代表相应内容得分越高（详见附录二的 2.2 主观评价量表）。

③练习实验：屏幕依次呈现 3 张办公座椅图片，每幅图片呈现 10 s，完成眼动实验后立即进行主观评价并回答相关问题，主试者保存主观评价报告，并记录相关问题的回答情况。

④正式实验：程序与练习实验相同。每位被试者实验过程大约需要 15 min。

4.3　眼动结果与分析

4.3.1　兴趣区划分

兴趣区 (area of interest，即 AOI) 即被试者观察目标对象的各个任务内容，通常由研究人员根据研究内容及目的自主设定，以利于在进行数据处理的过程中有针对性地开展相关分析工作。兴趣区的划分通常借助专业眼动数据分析软件进行，用矩形、圆形、椭圆形或自主定义的不规则形态圈定独立的兴趣区并为其命名[133]。

本研究主要针对职员办公座椅的视觉造型要素的眼动指标分析，因此，其兴趣区的划分主要将办公座椅典型造型要素划分为各个独立的 AOI，即将无扶手无头靠办公座椅划分为靠背、座面、底座三个 AOI，将有扶手无头靠座椅划分为靠背、座面、底座及扶手四个 AOI，同样，对于有扶手有头靠座椅则划分为靠背、座面、底座、扶手及头靠五个独立的 AOI。

4.3.2　眼动指标确立

因本研究的目的在于探索被试人群在观察办公座椅时的视觉注意动向，即被试者的视线分布以及对座椅不同部位的关注程度，故选取以下眼动指标进行后期分析工作。

①首次到达 AOI 的眼动指标（即 AOI 首视点指标）。在图片区域搜索特定目标时，被试者的注视行为首次到达相应区域的时刻、持续时长以及首视点顺序，是衡量目标对象优势部位的重要指标，且首视点顺序反映了被试者观察目标对象的视觉注意模式。

②每个 AOI 的总注视参数指标（包括注视时间 fixation duration 及时间比重，注视次数 fixation count 及次数比重）。被试者关注目标对象 AOI 的注视时间（所有注视点的驻留总时长）反映相应区域信息获取的难易程度。驻留时间越长（即被试投入的时间比重越高），则说明该兴趣区的信息量较大；而注视次数（被试观察 AOI 的总注视频次）反映相应兴趣区的重要程度，注视次数越多（即注视次数的比重越高），则说明被试者心里将其编码为重要性较强的区域[134-136]。

③合并热点图（heat map）。热点图是反映被试者对不同兴趣区域的不同关注程度的直观表现形式。热点图中的深色区域表示被试者对该部分的关注时间更长、次数更多，而较浅区域则说明被试者对该部位的关注度较低。

4.3.3　眼动数据分析与讨论

应用 ClearView2.7.0 软件提取相关眼动数据，并剔除实验误差导致的无效数据，而后用 Excel 与 SPSS 软件对数据进行统计与处理。

4.3.3.1　无扶手无头靠的办公座椅眼动结果与分析

被试者对该类型职员办公座椅视觉造型要素的眼动指标数据见表 4-1。

表 4-1　无扶手无头靠职员座椅的眼动参数指标

AOI		靠背	座面	底座
首次注视参数	首视时刻	2023(409.36)	3165(1485.58)	4058(819.14)
	首视次序	1	2	3
	首视时长 /ms	209(25.53)	102(49.46)	167(34.68)

续表

AOI		靠背	座面	底座
平均注视参数	注视时间 /ms	3258.55(484.43)	1958.75(282.56)	4131.23(420.28)
	时间比重	34.86%	20.95%	44.19%
	注视次数 / 次	12.11(3.02)	6.87(1.37)	17.92(3.38)
	次数比重	32.88%	18.48%	48.64%

注：为保证各注视点反映被试者的有效认知，本研究剔除持续时长 <100 ms 的注视点，后文同。

（1）首次注视参数分析

从表 4-1 首次注视情况及首视点数据折线图（图 4-1）可知：被试者关注无扶手无头靠职员座椅造型的视觉轨迹顺序依次为：靠背→座面→底座，即被试者首先关注座椅靠背部位，其次为座面，而最后关注底座构件，呈现由上而下的关注模式（图 4-2）。

图 4-2 无扶手无头靠职员座椅的视觉关注模式

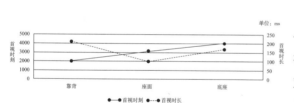

图 4-1 无扶手无头靠职员座椅造型构件的
首视点数据折线图

从首视时间的持续情况来看，经方差分析（表 4-2）可知，F=973.40，p<0.01，即被试者对座椅各个造型构件的首视时长差异非常显著。进一步对比研究发现，被试者对座椅各构件的首视时长由长至短依次为：靠背 > 底座 > 座面。即靠背的首次关注时间显著长于其他要素，且座面的首次关注时间显著短于其他要素。

表 4-2 无扶手无头靠职员座椅的首视时长方差分析结果

因变量：首视时长

	平方和	df	均方	F	Sig.
组间	352022.8	2	176011.4	973.404878	0.000**
组内	32005.2	177	180.820339	—	—
总数	384028	179	—	—	—

注：** 表示差异达 0.01 显著水平。

（2）总平均注视参数分析

表4-3　无扶手无头靠职员座椅的总平均注视参数方差分析结果

因变量：注视时长与注视次数

		平方和	df	均方	F	显著性
注视时长	组间	143414066.42	2	71707033.21	478.55	0.000**
	组内	26521947.52	177	149841.51	—	—
	总数	169936013.94	179	—	—	—
注视次数	组间	3633.6	2	1816.8	267.04	0.000**
	组内	1204.2	177	6.803389831	—	—
	总数	4837.8	179	—	—	—

注：** 表示差异达 0.01 显著水平。

结合总平均注视数据以及图 4-3 中的平均注视时间与注视次数可知：被试者对座椅各造型要素的注视时间及注视次数均呈现底座＞靠背＞座面的递减。图 4-4 所示各 AOI 的注视时间与注视次数比重可直观看出，底座部位获取的被试者视觉注意程度最高，其次为靠背部位，而座面获取的关注程度最低。此外，经平均注视时间与注视次数的方差分析可知（表 4-3）：对于平均注视时间参数而言，$F=478.55$，$p<0.01$，即被试者对底座的关注时间显著长于其他造型要素，而座面的受关注时间

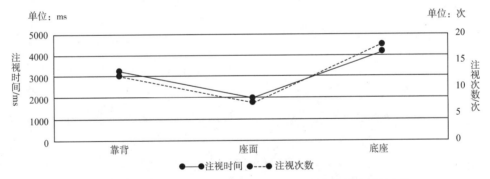

单位：ms　　　　　　　　　　　　　　　　　　　　单位：次

图 4-3　无扶手无头靠职员座椅造型要素的总平均注视时间与注视次数

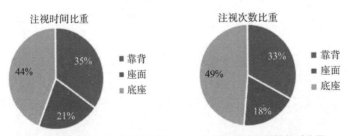

图 4-4　无扶手无头靠职员座椅各 AOI 总平均注视比重饼状对比图

办公座椅形态要素的视觉和逸性研究

显著短于其他要素。平均注视次数方差分析结果为 $F=267.04$，$p<0.01$，即被试者对底座的注视次数显著长于其他造型要素，而对座面注视次数显著少于其他要素。靠背的注视时间及次数均处于中间位置。

（3）结果讨论

根据心理学家霍尔·帕什勒对视觉选择性注意 (VSA) 相关理论的观点认为，在特定的时间阈限内，被试者首次注视且注视时间较长的部位为相应物体的视觉优势部位；认知心理学中信息加工理论认为，被试者关注某一部位的时间越长或观察的次数越多，说明该部位包含的信息内容越多或该部位在认知对象整体中越具有重要性，被试者需投入较长时间或较多次数进行信息获取，完成认知过程，也可能因其视觉信息较多或处于较难被观察的位置而需投入较多关注。结合以上理论，对本研究分析如下。

①首先被试者将视觉注意投射于座椅靠背部位，获取靠背造型的相关信息，而后才转向其他部位。这说明在无扶手无头靠的办公座椅造型要素中，靠背部位占有优先位置，其次是座面和底座部位。

②底座部位的信息量较大且较难获取，而使得被试者对其投入较长的注视时间及较高的次数比重，然而通常被试者对底座的关注仅存在于对其功能信息的捕捉，对其造型的关注则为其次。

③靠背部位因其立面几何形态、侧面轮廓及其他相关信息而获得较长的注视时间及较高的次数比重，且说明被试者对该部位的重视程度较高。

④座面部位在图片透视角度下呈现简单易懂的几何形态，被试者仅需较短时间即可获取足够信息，甚至在某些情况下，部分被试者对座面部位没有投入任何视觉关注，因此，该部位对被试者认知座椅整体视觉造型产生较少影响。

4.3.3.2 有扶手无头靠的办公座椅眼动结果与分析

被试者对该类型办公座椅视觉造型要素的眼动指标数据见表 4-4。

表 4-4　有扶手无头靠职员座椅各构件的眼动参数指标

AOI		靠背	座面	扶手	底座
首次注视参数	首视时刻	2119(310.21)	3579(1088.01)	2816(691.84)	3264(763.82)
	首视次序	1	4	2	3
	首视时长 /ms	121(35.29)	74(49.46)	87(36.15)	102(21.37)
总平均注视参数	注视时间 /ms	3195.83(318.81)	1617.59(229.23)	2278.28(200.65)	2642.08(301.64)
	时间比重	32.82%	16.62%	23.41%	27.14%
	注视次数 / 次	17.9(3.38)	6.91(1.37)	22.76(2.26)	12.43(3.00)
	次数比重	29.83%	11.52%	37.93%	20.72%

（1）首次注视参数分析

从表 4-4 和图 4-5 可知，被试者关注有扶手无头靠类型职员座椅的视觉轨迹顺序依次为：靠背→扶手→底座→座面，即被试者首先关注座椅靠背部位，随后将视线投向扶手构件，而在结束首次对扶手的关注后，被试者的视线跳过座面转移到底座部位，最后才将注视点投向座面构件。因此，被试者关注该类型座椅的视觉关注呈现由上而下再向上转移的模式（图 4-6）。

从首次关注的持续时间来看，经方差分析（表 4-5）可知，$F=226.50$，$p<0.01$，即被试者对座椅各造型要素的首视时长差异非常显著。结合表 4-4 进一步对比研究发现，被试者对座椅各要素的首视时长由长至短依次为：靠背＞底座＞扶手＞座面。靠背与底座的首次关注时长差异较小，且二者时长均显著长于扶手与座面部位，而座面的首次关注时长显著短于其他各部位要素。

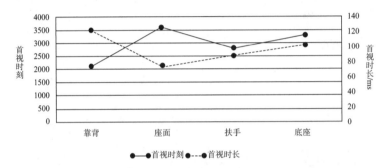

图 4-5　有扶手无头靠职员座椅造型构件的首视点数据折线图

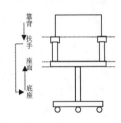

图 4-6　有扶手无头靠职员座椅的视觉关注模式

表 4-5　有扶手无头靠座椅的首视时长方差分析结果

因变量：首视时长

	平方和	df	均方	F	Sig.
组间	73560	3	24520	226.5038359	0.000**
组内	25548	236	108.2542373	—	—
总数	99108	239	—	—	—

注：** 表示差异达 0.01 显著水平。

（2）总平均注视参数分析

结合表 4-4 与图 4-7 可知：被试者对有扶手无头靠办公座椅各造型要素的平均注视时长呈现靠背＞底座＞扶手＞座面的状态，而平均注视次数则为：扶手＞靠背＞底座＞座面。即靠背、底座与座面三要素呈现平均注视时间越长，注视次数越多的趋势，而扶手部位的注视时间相对较短，注视次数却最多，这表示被试者对扶手部位较为重视，且进行了多次信息获取，以便对该造型要素进行充分认知。图 4-8 更为直观地显示了被试者注意力分布情况。

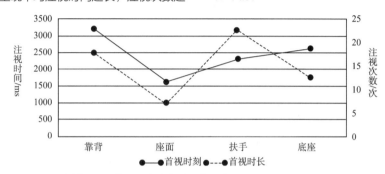

图 4-7　有扶手无头靠职员座椅造型要素的总平均注视时间与注视次数折线图

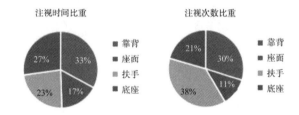

图 4-8　有扶手无头靠职员座椅各 AOI 总平均注视比重饼状对比图

表 4-6　有扶手无头靠职员座椅的总平均注视参数方差分析

因变量：平均注视时间与平均注视次数

		平方和	df	均方	F	显著性
平均注视时间	组间	111499233.55	3.00	37166411.18	237.83	0.000**
	组内	36880567.91	236	156273.59	—	—
	总数	148379801.45	239	—	—	—
平均注视次数	组间	8500.8	3	2833.6	451.60	0.000**
	组内	1480.8	236	6.274576271	—	—
	总数	9981.6	239	—	—	—

注：** 表示差异达 0.01 显著水平。

由平均注视时间与注视次数的方差分析可知（表4-6），对于平均注视时间而言，$F=237.83$，$p<0.01$，即办公座椅各造型要素AOI的平均注视时间差异性显著。进一步对比研究发现，被试者对靠背的关注时间显著长于其他造型要素，而对座面的注视时间显著短于其他要素，底座以高于扶手部位的时长而处于中间位置。对于平均注视次数而言，$F=451.60$，$p<0.01$，即办公座椅各造型要素AOI的平均注视次数的差异性显著。进一步对比研究发现，被试者对扶手的注视次数显著多于其他造型要素，而对座面的注视次数显著少于其他要素，同时，靠背以多于底座的注视次数而位居中间。

（3）结果讨论

同样结合VSA相关理论及认知心理学领域中的信息加工理论可得出以下结果。

①在特定时间阈限内，被试者首次观察座椅整体时，靠背部位仍处于视觉优先位置，且靠背部位有较高注视时间比重，说明其包含的信息量较大或被试者对其较为重视。

②扶手获得优先于座面与底座的视觉关注，然而获得较低的注视时间比重及较高的注视次数比重，说明该部位造型简洁，信息较易获取，这也加强了扶手部位的视觉优先程度。

③底座部位优先于座面部位，更早得到关注，这可能是因为除靠背与扶手部位处于视觉显著位置外，底座部位因其视觉空间位置幅面较大而引起关注；然而该部位获得被试者较高的注视时间比重和较低的注视次数比重，可能是因为其造型信息的获取较难，且被试者仅为读懂底座造型相关功能信息，因此投入时间较长而观察次数较少。

④被试者对座面部位投入较低注视时间比重及注视次数比重，说明该部位对座椅整体造型的影响程度相对较低。

4.3.3.3 有扶手有头靠的职员座椅眼动结果与分析

被试者对该类型职员座椅视觉造型要素的眼动指标数据见表4-7。

表4-7 有扶手有头靠职员座椅各构件的眼动参数指标

AOI		头靠	靠背	座面	扶手	底座
首次注视参数	首视时刻	2688(774.79)	2215(320.07)	3582(1158.42)	3211(863.11)	3402（702.33）
	首视次序	2	1	5	3	4
	首视时长/ms	78(25.85)	94(28.26)	69(39.64)	86(46.35)	96(16.37)
总平均注视参数	平均注视时间/ms	1356.95（380.43）	2659.7(398.23)	1043.63（274.79）	1871.24（413.02）	2428.99(256.74)
	注视时间比重	14.50%	28.41%	11.15%	20.00%	25.95%
	平均注视次数/次	21.3(1.95)	10.71(2.83)	3.86(1.99)	15.84(1.62)	6.03(1.05)
	注视次数比重	36.89%	18.55%	6.69%	27.43%	10.44%

（1）首次注视参数分析

从表 4-7 与图 4-9 可知，被试者关注有扶手有头靠类型办公座椅的视觉轨迹顺序依次为：靠背→头靠→扶手→底座→座面，即被试者首先关注靠背部位，继而将视线向上转移投射到座椅头靠位置；在结束对靠背与头靠的关注之后，被试者将视线继续向下转移，以获取扶手的视觉造型信息；而后被试者视线跳过座面将注视点投向底座部位，完成一系列的视觉搜索与信息加工过程后，被试者才开始关注到座面部位，说明座面部位最不易引起被试者注意。由此可见，被试者对有扶手有头靠办公座椅的关注模式与有扶手无头靠的关注模式相似，整体呈现由上而下再向上转移的模式，仅在靠背与头靠部位略有不同（图 4-10）。

从首次关注的持续时间来看，经方差分析（结果见表 4-8）可知，$F=246.20$，$p<0.01$，即被试者对座椅各造型要素的首视时长差异非常显著。结合表 4-7 进一步对比研究发现，被试者对座椅各要素的首视时长由多至少依次为：底座＞靠背＞扶手＞头靠＞座面。结合首视时长折线图 4-9 可知，靠背与底座的首次关注时长差异较小，且二者的首视时长均显著长于其他造型要素。此外，扶手与头靠的首视时长显著长于座面部位，座面的首次关注时间显著短于其他造型要素。

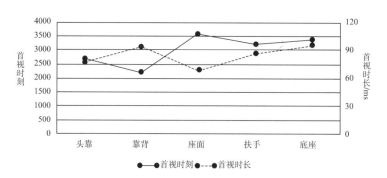

图 4-9 有扶手有头靠职员座椅造型构件的首视点数据折线图

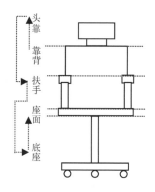

图 4-10 有扶手有头靠职员座椅的视觉关注模式

表 4-8 有扶手有头靠职员座椅的首视时长方差分析情况表

因变量：首视时长

	平方和	df	均方	F	Sig.
组间	28594.08	4	7148.52	246.195643	0.000**
组内	8565.6	295	29.0359322	—	—
总数	37159.68	299	—	—	—

注：** 表示差异达 0.01 显著水平。

（2）总平均注视参数分析

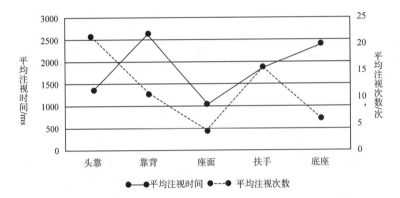

图 4-11　有扶手有头靠职员座椅各 AOI 的总平均注视时间与注视次数折线图

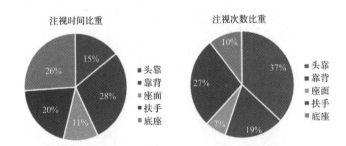

图 4-12　有扶手有头靠职员座椅各 AOI 总平均注视比重饼状对比图

结合表 4-7 和图 4-11 可知，被试者对有扶手有头靠办公座椅各造型要素的平均注视时长呈现靠背＞底座＞扶手＞头靠＞座面的状态，而平均注视次数则呈现为头靠＞扶手＞靠背＞底座＞座面，即靠背、底座与座面三要素呈现平均注视时间越长，注视次数越多的趋势。头靠与扶手部位的注视时间相对较短，注视次数却相对较多，这表示被试者对头靠及扶手部位相对较为重视，多次关注可获得足够的信息和充分的认知。图 4-12 更为直观地显示了被试者对各个造型要素的注意力分布情况。

经平均注视时间与注视次数的方差分析可知（表 4-9）：对于平均注视时间而言，$F=250.65$，$p<0.01$，即办公座椅各造型要素 AOI 的平均注视时间差异性显著。进一步对比研究发现，被试者对靠背与底座的关注时间差异性较小，但二者均显著长于其他造型要素，而对座面的注视时间显著短于其他要素，扶手与头靠以高于座面部位的注视时长而处于中间位置。对于平均注视次数而言，$F=860.73$，$p<0.01$，即办公座椅各造型要素 AOI 的平均注视次数的差异性显著。进一步对比研究发现，被试者对头靠的注视次数显著长于其他造型要素，扶手次之，而对座面的注视次数显著少于其他要素，此外，靠背和底座以多于座面的注视次数而位居中间。

表 4-9　有扶手有头靠职员座椅的总平均注视参数方差分析结果

因变量：注视时间与注视次数

		平方和	df	均方	F	显著性
注视时间	组间	112930599.46	4	28232649.87	250.65	0.000**
	组内	33227945.24	295	112637.10	—	—
	总数	146158544.70	299	—	—	—
注视次数	组间	12282.48	4	3070.62	860.73	0.000**
	组内	1052.4	295	3.567457627	—	—
	总数	13334.88	299	—	—	—

注：** 表示差异达 0.01 显著水平。

结合 VSA 相关理论可知，在特定的时间阈限内，被试者首次观察该类型办公座椅整体时，靠背部位仍占有视觉优先位置；头靠与靠背距离较近且关系紧密，同样是处于视觉搜索的优势部位，然而因二者造型基本以简单几何形态为主，被试者对其信息的加工处理过程较短，首次关注时间长度显著少于底座部位；头靠获得较高的注视次数比重而相对较低的注视时间比重，说明被试者较在意头靠造型，它对该类办公座椅整体造型的影响较大。此外，与前期研究相似，底座优先于座面而得到更早关注，这与二者的视觉形态及被试者的视觉关注认知难易程度有关。

4.3.3.4　总结

综合无扶手无头靠、有扶手无头靠及有扶手

有头靠三种类型座椅的视觉注意动向及视线轨迹模式，以及被试者对不同座椅造型要素的总体注视情况，并结合三类办公座椅的综合热点图（图4-13）可得出以下结论。

图4-13 被试对三类职员座椅观察的眼动综合热点图

①靠背部位是各类型办公座椅的视觉优先部位，被试者对其造型信息的首次注视及总体注视均处于较高水平。

②座面因其图片透视视角问题而形成过于简单的几何形态，信息含量较少且极易获取，被试者对其关注程度较低，因此座面在办公座椅造型要素中处于劣势位置。

③底座部位包含座椅的可调节功能信息及相关造型信息等，因此易获得被试者的优先关注，且基本关注的顺序仅次于靠背部位。

④有扶手情况下，扶手部位会超越底座部位而成为仅次于靠背的优先注意位置。

⑤有头靠且有扶手的情况下，头靠因其与靠背位置相近而成为仅次于靠背的视觉优先位置，扶手次之。

4.4 主观评价结果与分析

主观评价报告主要从独立的造型构件单元本体着手，探讨各造型要素对办公座椅整体视觉审美的影响程度，并结合前期眼动参数挖掘被试者对各造型要素的主观认知。

4.4.1 主观评价结果

具体评价结果统计见表4-10。

表4-10 被试主观评价结果数据表

造型要素 (AOI)	头靠	靠背	座面	扶手	底座
对造型整体审美的影响程度评价	1.17(0.82)	2.31(0.88)	-1.82(0.63)	2.16(0.52)	-1.43(0.52)

注：括号内为标准差。

由表 4-10 及图 4-14 可知：审美影响程度评价结果为靠背 > 扶手 > 头靠 > 底座 > 座面，即靠背构件的造型形态对座椅整体审美的影响程度较高，扶手次之，头靠的影响程度处于一般水平，而被试者普遍认为座面与底座的要素形态对座椅整体美感的影响度相对较弱。经方差分析（表 4-11）可知，$F=620.19$，$p<0.01$，即各个造型要素对办公座椅整体的视觉审美影响差异非常显著。进一步多重比较分析（表 4-12）可知：靠背对座椅视觉审美的影响度显著高于其他造型要素（显著性水平为0.05），扶手与头靠次之。而座面与底座对整体视觉审美的影响显著低于其他要素，但二者之间的差异不显著。

结合职员座椅实际形态及对被试者的访谈可知，相应结果的产生大概有以下原因。

①靠背的立面形态、侧面轮廓等形态相对较丰富，且靠背处于座椅的视觉优势位置，被试者在无形中将靠背作为视觉审美中心。

②扶手与头靠作为支撑人体手臂与头部的基础功能构件，其位置与靠背相邻，这增加了被试者的视觉关注程度，因此被试者认为二者同样是影响办公座椅整体视觉审美的重要因素。

③因座面与底座主要起支撑人体的作用，就二者的视觉形态来讲，座面主要以简单的几何形体存在，且在正常的视觉角度会呈现扭曲变形，然而又因其在办公座椅整体视觉造型中受关注的程度低，对座椅的整体视觉审美影响度较小。对于底座部位，市场上多数职员办公座椅的底座部位呈现一定的同质化形象：高度可调节装置、支撑杆及海星脚等。共通的要素不能成为主要影响因素。因此，二者相对于其他三要素而言，其对座椅整体视觉审美的影响程度较低。

表 4-11   各造型要素对职员座椅整体视觉的审美影响评价的方差分析

因变量：审美影响评价

	平方和	df	均方	F	Sig.
组间	1074.72	4	268.68	620.1924883	0.000**
组内	127.8	295	0.433220339	—	—
总数	1202.52	299	—	—	—

注：** 表示差异达 0.01 显著水平。

对造型整体审美的影响程度评价

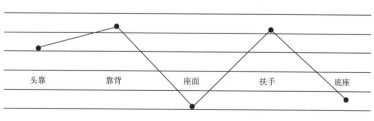

图 4-14   各造型要素对办公座椅整体视觉的审美影响程度评价对比折线图

表 4-12　各造型要素对职员座椅整体视觉的审美影响评价的多重比较

	(I) AOI	(J) AOI	均值差 (I-J)	标准误	显著性	95% 置信区间	
						下限	上限
LSD	头靠	靠背	-3.10000*	.30768	.000	-3.7197	-2.4803
		座面	1.20000*	.30768	.000	0.5803	1.8197
		扶手	-2.40000*	.30768	.000	-3.0197	-1.7803
		底座	1.60000*	.30768	.000	0.9803	2.2197
	靠背	头靠	3.10000*	.30768	.000	2.4803	3.7197
		座面	4.30000*	.30768	.000	3.6803	4.9197
		扶手	.70000*	.30768	.028	.0803	1.3197
		底座	4.70000*	.30768	.000	4.0803	5.3197
	座面	头靠	-1.20000*	.30768	.000	-1.8197	-.5803
		靠背	-4.30000*	.30768	.000	-4.9197	-3.6803
		扶手	-3.60000*	.30768	.000	-4.2197	-2.9803
		底座	.40000	.30768	.200	-.2197	1.0197
	扶手	头靠	2.40000*	.30768	.000	1.7803	3.0197
		靠背	-.70000*	.30768	.028	-1.3197	-.0803
		座面	3.60000*	.30768	.000	2.9803	4.2197
		底座	4.00000*	.30768	.000	3.3803	4.6197
	底座	头靠	-1.60000*	.30768	.000	-2.2197	-.9803
		靠背	-4.70000*	.30768	.000	-5.3197	-4.0803
		座面	-.40000	.30768	.200	-1.0197	.2197
		扶手	-4.00000*	.30768	.000	-4.6197	-3.3803

注：* 表示在 0.05 水平下差异显著。

4.4.2　主观评价与眼动指标的相关性

结合前期有扶手有头靠职员座椅的眼动参数指标，对整体视觉审美的影响评价值与相关眼动指标进行 Pearson 相关性分析，结果（表 4-13）发现：办公座椅各造型要素对整体视觉审美的影响评价值与被试者的平均注视时间及注视次数在 0.05 水平下均呈现显著（双侧）相关性，且与首视次序在 0.01 水平下的相关性非常显著，但与首视次序和平均注视时间不符合线性相关关系，即注视次序越靠前、注视时间越长且注视次数越高，说明被试者认为该部位造型对座椅整体视觉审美的影响程度越高。

综合以上研究结果可知，眼动实验结果与主观评价结果一致。因此，眼动选择性注意数据参数对探索被试者观察职员办公座椅各部位和逸性认知特性是具有可行性的，且眼动参数确立的职员办公座椅视觉注意模式及视觉优势部位等指标具有有效性，为后期不同造型要素视觉形态的和逸性研究指出了研究方向。

表 4-13 主观审美影响程度评价与眼动指标的相关性分析

造型要素对整体视觉审美的影响评价	首视次序	平均注视时间	平均注视次数
Pearson 相关性	−0.674**	0.360*	0.357*
显著性（双侧）	0.000	0.010	0.011
N	300	300	300

注：* 表示均值差的显著性水平为 0.05；** 表示均值差的显著性水平为 0.01。

办公座椅不同形态要素的视觉和逸性研究

不同形态要素的视觉和逸性研究目的
不同形态要素的视觉和逸性研究方法与过程
结果与分析
办公座椅不同形态要素的视觉和逸性研究小结

5.1　不同形态要素的视觉和逸性研究目的

根据上一章研究结果可知，靠背处于职员办公座椅视觉优势位置，且用户认为该部位造型形态对座椅整体视觉审美的影响程度较高，扶手与头靠部位次之，因此本研究首先从办公座椅的靠背视觉属性着手开展，再研究扶手与头靠部位。而底座虽获得较多用户较长时间的关注，但在不同职员座椅中，其整体视觉造型的差异不显著。此外，座面部位获得的视觉关注度较低，且在特定视觉角度中呈现扭曲变形，因此本研究不再探讨底座与座面部位的形态关注及相应和逸性情况。

本研究主要采用眼动分析结合主观评价的综合实验方法，目的有以下几点。

①挖掘办公座椅不同靠背形态的视觉和逸性，包括靠背立面形态、侧面轮廓形态、填充方式等多维度属性的和逸性特征。

②观察靠背与座面的视觉关系以及靠背与头靠的视觉关系等相关形态的视觉和逸性特征。

③探索办公座椅不同扶手形态的视觉和逸性，判断不同形态下的和逸性程度。

④总结除座面及底座等造型要素之外的不同视觉形态和逸性特征，为办公座椅产品的设计开发提供理论参照。

5.2　不同形态要素的视觉和逸性研究方法与过程

5.2.1　被试群体

选择多个行业人员共50名组成被试群体，其中20名为设计专业在校学生，20名为办公室工作职员，5名为家具卖场销售人员，另外邀请5名专业家具设计师。被试者平均年龄24.8（±1.3）岁，裸眼视力或矫正视力1.0以上，实验前6 h未看电脑、电视或手机，无眼部不舒适症状，女生眼部无浓妆。

5.2.2　实验素材

5.2.2.1　靠背立面形态视觉HEJ研究素材

根据前期对职员办公座椅靠背立面造型的分析研究，于座椅样本素材库中筛选出靠背形状为正方形、矩形（长、短）、梯形（长、短）、倒梯形（长、短）、椭圆形的座椅样本；因矩形短靠背与正方形靠背及倒梯形短靠背相似度较高，本研究仅保留正方形靠背样本，而剔除了矩形与倒梯形短靠背样本。

为保证除靠背立面形态因素以外的其他变量的一致性，本研究将所有样本的扶手、座面及底座形态（椭圆形靠背采用椭圆形座面，以保证其实际可行形态）进行统一，并选用同种材质及色彩，用3Dmax 重新建模，每种靠背形态制作一个模型，选取模型的 45°视角并采用 35% 灰色为背景进行渲染，形成正式实验样本图片 6 张，并将其编码（表 5-1）。

表 5-1 职员办公座椅不同靠背造型的实验样本图片及其编码

靠背形态	正方形靠背	矩形靠背	梯形长靠背	倒梯形短靠背	倒梯形长靠背	椭圆形靠背
编码	I	II	III	IV	V	VI
实验样本图片						

使用 PS 软件将 6 张不同靠背造型的办公座椅图片排列于一幅画面中，为减少同幅画面中不同位置对眼动实验的影响，本研究将 6 张座椅图片按照不同位置顺序排列出 23 张图作为实验样本，其中 3 张作为练习素材，20 张用于正式实验。

5.2.2.2 靠背侧面轮廓形态视觉 HEJ 研究素材

于座椅样本素材库中筛选出靠背侧面轮廓形态为直线形、微弧形、J 形及 S 形的座椅样本；为保证除靠背轮廓因素以外的变量一致性，本研究将所有样本靠背立面形态、扶手形态以及扶手、座面及底座形态统一，并选用同种材质及色彩，用3Dmax 软件重新建模，对每一种靠背侧面轮廓形态的座椅制作一个模型，选取模型的 60°视角并采用 35% 灰色为背景进行渲染，形成正式实验样本图片 4 张，并将其编码（表 5-2）。

表 5-2 靠背轮廓形态的实验样本图片及其编码

轮廓形态	直线形	微弧形	J 形	S 形
编码	I	II	III	IV
实验样本图片				

使用 PS 软件将 4 张不同靠背造型的办公座椅图片排列于一幅画面，为减少同幅画面中不同位置对眼动实验的影响，本研究将 4 张座椅图片按照不同位置顺序排列出 10 张图作为实验样本。

5.2.2.3 靠背填充效果视觉 HEJ 研究素材

于座椅样本素材库中筛选靠背填充效果为网格通透型与封闭密实型的两类座椅。将样本靠背立面形态、扶手形态以及扶手、座面及底座形态统一，并选用同种材质及色彩，用 3Dmax 重新建模，对每一种靠背填充效果的办公座椅制作 2 个模型，选取模型的 30° 视角并采用 35% 灰色为背景进行渲染，形成正式实验样本图片 4 张，并将其编码（表5-3）。

表 5-3　靠背填充效果的实验样本图片及其编码

填充方式	网格通透型	封闭密实型	网格通透型	封闭密实型
编码	I	II	I	II
实验样本图片				

使用 PS 软件将 2 组不同靠背填充效果的办公座椅图片按照不同位置顺序排列出 2 张图作为实验样本，共得到 4 张实验样本图片。

5.2.2.4 靠背与座面关系视觉 HEJ 研究素材

于座椅样本素材库中筛选出相应类型的办公座椅样本。统一座椅的其他造型构件及属性，包括座面与底座形态、扶手及头靠形态等内容，然而两个造型构件之间的关系导致靠背的立面形态无法做到完全统一。为最大程度地消除误差，本实验素材的制作选择素材样本库中最为常见的三类座椅重新建模，统一材质、色彩及靠背填充效果，对每一种靠背与座面连接关系的座椅都制作 1 个模型，选取模型的 30° 视角并采用 35% 灰色为背景渲染，形成正式实验样本图片 3 张，并将其编码（表5-4）。

表 5-4　不同靠背与座面关系的实验样本图片及其编码

靠背与座面关系	靠背与座面一体化	靠背与座面贴近	靠背与座面分离
编码	I	II	III
实验样本图片			

使用 PS 软件将 3 张图片按照不同位置顺序排列于一幅画面中,获得 6 张图片作为实验样本。

5.2.2.5 靠背与头靠关系视觉 HEJ 研究素材

于座椅样本素材库中筛选出相应类型的办公座椅样本。统一座椅的其他造型构件及属性,包括座面与底座形态、扶手及靠背与座面连接方式等内容。经再次分析发现,办公座椅靠背与头靠关系的设计与靠背有某种程度的关联,靠背的长、短可能导致头靠的布置方式存在差异。因此,为更全面地了解

靠背与头靠连接关系的视觉和逸性,本研究选择长靠背、短靠背两种靠背类型综合分析。其中长靠背选择梯形长靠背,短靠背选择梯形短靠背。为最大程度地消除误差,本实验素材统一材质、色彩及靠背填充效果进行重新建模,对每一种靠背与头靠的连接方式制作办公座椅模型 2 个(长、短靠背各一个),选取模型的 30° 视角并采用 35% 灰色为背景进行渲染,形成正式实验样本图片 6 张(长、短靠背各 3 张),并将其编码(表 5-5)。

表 5-5 办公座椅不同靠背与头靠关系的实验样本图片及其编码

靠背与头靠关系	长靠背与头靠的关系			短靠背与头靠的关系		
编码	分离式(Ⅰ)	贴近式(Ⅱ)	无(Ⅲ)	分离式(Ⅳ)	贴近式(Ⅴ)	无(Ⅵ)
实验样本图片						

使用 PS 软件将长、短靠背各 3 张靠背与头靠不同关系的座椅图片排列于一幅画面中,为减少同幅画面中不同位置对眼动实验的影响,本研究按照不同位置顺序排出 6 张图片作为实验样本。

5.2.2.6 扶手形态视觉 HEJ 研究素材

于座椅样本素材库中筛选出 T 形、倒 L 形、

一字形、三角形、圆角三角形以及无扶手座椅样本。统一座椅的其他造型要素,并选用同种材质及色彩,用 3Dmax 重新建模,对每一种扶手形态的座椅制作一个模型,选取模型的 30° 视角并采用 35% 灰色为背景进行渲染,形成正式实验样本图片 6 张,并将其编码(表 5-6)。

表 5-6 不同扶手形态的实验样本图片及其编码

扶手形态	T 形	倒 L 形	一字形	三角形	圆角三角形	无扶手
编码	Ⅰ	Ⅱ	Ⅲ	Ⅳ	Ⅴ	Ⅵ
实验样本图片						

使用 PS 软件将 6 张不同扶手形态的图片按照不同顺序排列于一幅画面中，排列出 10 张图片作为实验样本。

5.2.3　实验设备

本实验采用美国 Tobii 1750 眼动仪（采样频率为 250 Hz），结合 ClearView2.7.0 软件系统对被试者的眼动行为进行记录。实验素材由 19 英寸纯平显示器呈现，其刷新率为 85 Hz，分辨率为 1024 dpi×768 dpi。

实验中，被试者与显示器中心的距离约为 0.6 m，且眼睛正对显示器中心。

5.2.4　实验程序

本实验分为眼动记录实验和主观评价实验两部分。被试者首先完成眼动实验，而后完成主观评价实验。两个实验均在隔音、控光的感性工学实验室开展。程序如下。

①被试者进入实验室后，坐在仪器前面 0.6 m 的地方，调整坐姿以保持舒适状态，而后主试者对仪器进行校准。

②主试者对被试者进行实验指导语说明，大致内容为：下面将呈现多张办公座椅图片，图片中所示的各个座椅的品牌、价格、用材等指标均一致，请根据平时观察座椅的习惯认真观看，结束后请完成主观评价。

主观评价量表根据语义差异法制作，本研究针对用户对办公座椅不同形态要素的视觉审美偏好程度，采用 7 级量表形式，以 -3~3 计分制，被试者选择的数字越大，代表相应内容得分越高。由于靠背处于最强视觉优势部位，其形态优劣从某些方面决定了用户的使用倾向程度，因此仅对使用动机两部分内容进行评价，并观察不同审美偏好程度靠背造型的使用动机程度是否具有一致性。主观评价量表如图 5-1 所示，详见附录三。

③练习实验。屏幕依次呈现 3 张办公座椅图片，每张图片呈现 30 s，完成眼动实验后进行主观评价并回答相关问题，主试者保存评价报告，并记录相关问题的回答情况。

④正式实验。程序与练习实验相同，仅在图片呈现时间上有所差异。靠背立面形态素材呈现时长

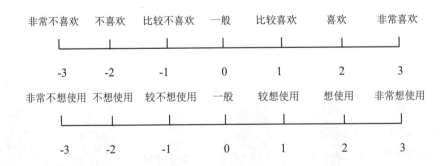

非常不喜欢	不喜欢	比较不喜欢	一般	比较喜欢	喜欢	非常喜欢
-3	-2	-1	0	1	2	3
非常不想使用	不想使用	较不想使用	一般	较想使用	想使用	非常想使用
-3	-2	-1	0	1	2	3

图 5-1　职员办公座椅靠背立面形态主观评价量表（示例）

为 30 s/ 张，靠背侧面轮廓 20 s/ 张，靠背填充方式、靠背与座面连接方式均为 10 s/ 张，靠背与

头靠连接方式为 15 s/ 张，扶手形态素材的呈现时长 30 s/ 张。

5.3　结果与分析

5.3.1　靠背立面形态的视觉 HEJ

5.3.1.1　眼动结果与分析

（1）兴趣区划分

由于本节研究以不同靠背立面形态的办公座椅为研究对象，因此，将每张实验素材图片划分为 6 个独立的 AOI，每个 AOI 包含一种靠背形态的座椅。

（2）眼动指标确立

由于本节研究的目的在于探索被试者对不同靠背立面形态的办公座椅的视觉识别过程及审美偏好，即被试在观察图片过程中的视线转移模式及对不同办公座椅靠背的视觉关注程度。因此实验结果将选择 AOI 转移矩阵、首视时刻及次序、首视时长 3 个眼动指标来探索视线转移模式；选用平均注视时间及比重，平均注视次数及比重，以及合并热点图作为视觉审美偏好的眼动研究指标。

其中，AOI 转移矩阵是指被试者在观察一张实验素材图片时，其注视点在图片中各个 AOI 上转移频次的矩阵。例如一个包含 3 个 AOI 的眼动

实验，设其 R 为其转移矩阵，可将其表示为：

$$R = \begin{bmatrix} a_{11} & a_{12} & a_{13} \\ a_{21} & a_{22} & a_{23} \\ a_{31} & a_{32} & a_{33} \end{bmatrix}$$

a_{ij} 表示注视点从 AOI_i 转移到 AOI_j（i, j=1，2，3）的频次。如 a_{11} 表示被试前后两个注视点都落在了 AOI_1 中的频次，a_{12} 表示注视点由 AOI_1 转移到 AOI_2 的频次，a_{21} 则表示注视点由 AOI_2 转移到 AOI_1 的频次。转移矩阵的数据情况可反映被试者的视觉搜索及认知对比过程[124]。

自顶向下的理论认为，人类视觉的认知过程与视觉任务相关，且受自身意识的控制[125]。认知主体（即被试者）会根据相关任务目标及自身经验和知识背景来主动搜索，并有意识地注意自身感兴趣的区域。因此，AOI 转移矩阵及首视指标可有效反映被试者对各个 AOI 的初步视觉认知心理，而平均注视时间及次数等指标则可进一步反映被试者对各 AOI 的偏好及兴趣程度的强弱，也可避免来自底层视觉系统无意识的视觉选择而产生的噪声数据。

（3）结果与分析

从图 5-2 中被试者对不同靠背立面形态办公座椅 AOI 转移矩阵及图 5-3 中各 AOI 注视的内部输入数据可得出以下结论。

①被试者内部投入的关注次数结果为：IV>VI>II>III>I>V。即 IV 获得最多内部加工次数，而 V 的内部加工次数最少。

②被试者对于 I 的关注有 15.25% 是由 IV 的视线转移而来，而对 IV 的关注有 12.66% 从 I 的注视区域转移获得，而 VI 的最高外部视线转移来源于 IV，说明被试者在对三者进行视觉认知时进行了多次的对比，这可能是由于其造型信息的相似度较高。深入分析发现，I、IV 及 VI 三者的靠背造型均为短靠背，且与座面分离，易对被试者形成视觉上的同质化形象，因此，这加重了被试者对各自认知信息获取的难度。

③被试者对 II 及 V 的最高外部视线转移分别有 12.68% 和 17.64% 来源于 III，且对于 III 的该视线转移参数有 15.63% 来源于 II，这说明该三种造型存在视觉认知互动。同样进行深层次分析发现，II、III 及 V 三者的靠背均为与座面相接的长靠背造型，虽存在形态的差异性，但被试者需投入较多次的对比关注而获取更为完整的信息。

		From					
		I	II	III	IV	V	VI
To	I	34	5	3	10	2	8
	II	4	45	10	6	6	4
	III	2	9	37	5	9	1
	IV	9	6	5	46	4	9
	V	3	2	8	4	29	2
	VI	7	4	1	8	1	48
		I	II	III	IV	V	VI
	I	57.62%	7.04%	4.67%	12.66%	3.92%	11.11%
	II	6.8%	63.38%	15.63%	7.59%	11.76%	5.56%
	III	3.39%	12.68%	57.81%	6.34%	17.64%	1.41%
	IV	15.25%	8.45%	7.81%	58.23%	7.84%	12.68%
	V	5.08%	2.82%	12.5%	5.06%	56.86%	2.82%
	VI	11.86%	5.63%	1.56%	10.13%	1.96%	67.61%

图 5-2　不同靠背立面形态职员办公座椅 AOI 转移矩阵

内部输入

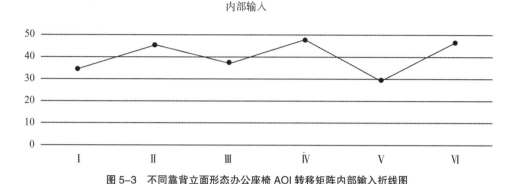

图 5-3　不同靠背立面形态办公座椅 AOI 转移矩阵内部输入折线图

由表 5-7 结合图 5-4 可得出以下结论。

①被试者关注不同靠背立面形态办公座椅的首视顺序为 Ⅵ→Ⅰ→Ⅳ→Ⅱ→Ⅲ→Ⅴ，即被试者首先关注 Ⅵ 靠背，而最后关注 Ⅴ 靠背。

②从首视时间持续情况来看，Ⅵ>Ⅳ>Ⅱ>Ⅲ>Ⅰ>Ⅴ。即被试者对 Ⅵ 的首视时间最长，说明被试者对 Ⅵ 的首次信息获取较努力；对 Ⅳ、Ⅱ、Ⅲ 及 Ⅰ 依次减少，而对 Ⅴ 的首视持续时间最短，说明被试者对 Ⅴ 的信息获取最少。

③经首视时长的方差分析（表 5-8）可知，$F = 17.136$，$p < 0.01$，即被试者对不同靠背立面形态的办公座椅的首视时长差异非常显著。结合图 5-4 进一步对比研究发现，被试者对 Ⅵ 的首视时长显著大于其他类型，而对 Ⅴ 的首次注视持续时长显著小于其他类型。

视觉识别过程反映被试者对不同靠背立面形态办公座椅的信息获取及认知过程。转移矩阵的内部输入参数反映座椅信息获取难易程度及兴趣度，外部转移反映视觉选择性注意的对比过程。此外，首视时刻的先后反映办公座椅造型的视觉鲜明程度。首视时间的长短不仅反映被试对目标对象信息获取的努力程度及信息量的多少，更能从一定程度上反映被试者潜意识中对相应对象的兴趣及偏爱。综合以上研究可做以下推测。

①被试者对 Ⅰ、Ⅳ、Ⅵ 等靠背与座面分离的办公座椅视觉关注较优先，因此，其潜在审美程度及和逸性程度较高。

②Ⅵ办公座椅的造型形态视觉鲜明程度较高，而 Ⅴ 座椅视觉鲜明程度最低，最不易引起被试者的关注。

③被试者对 Ⅱ 及 Ⅲ 首视关注参数处于一般水平，因此其潜在和逸性程度可能处于中等水平。

以上推测可通过眼动总平均参数进行再次分析与验证。

表 5-7　不同靠背立面形态办公座椅 AOI 的首视点参数

AOI	I	II	III	IV	V	VI
首视时刻	4258（719.12）	7653（926.36）	8565（1026.54）	6163（1426.38）	9471（1126.26）	3019（509.16）
首视次序	2	4	5	3	6	1
首视时长 /ms	183（30.57）	233（32.42）	191（31.72）	284（26.13）	167（33.09）	297（35.61）

注：括号内为标准差。

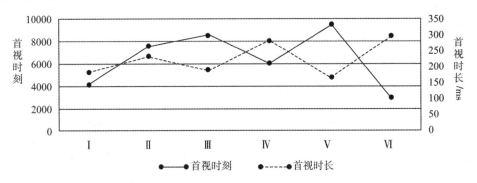

图 5-4　不同靠背立面形态办公座椅首视时刻与首视时长折线图

表 5-8　不同靠背立面形态的办公座椅首视时长方差分析结果

因变量：首视时长

	平方和	df	均方	F	Sig.
组间	5741.700	5	1148.340	17.136	0.000**
组内	23723.400	354	67.015	—	—
总数	29465.100	359	—	—	—

注:** 表示在 0.01 水平下差异显著。

结合表 5-9 所示的平均注视眼动数据参数分析可知，被试对不同靠背立面形态的办公座椅注视时间及注视次数均呈现 VI>IV>II>III>I>V，且注视时间越长，注视次数越多。

经平均注视参数的方差分析可知（表 5-10），注视时间及注视次数的 p 值均小于 0.01，即被试者对各类型靠背座椅的平均关注时间和注视次数的差异性非常显著。结合图 5-5、图 5-6 进一步研究可知，被试者对 VI 办公座椅的注视时间及次数显著长于、多于其他各类型座椅，对 IV 及 II 的关注也相对较多，而对 V 关注程度则显著低于其他各类型。

眼动注视程度的高低反映被试者对该部分 AOI 获取信息量的多少、获取的难易程度以及被试者对

表 5-9　不同靠背立面形态的办公座椅平均注视眼动数据

AOI	I	II	III	IV	V	VI
注视时间 /ms	3496.95 （321.59）	4669.70 （346.23）	3943.639 （289.51）	5171.24 （264.07）	2908.99 （352.91）	5481.24 （223.76）
注视时间比重	13.62%	18.19%	15.36%	20.14%	11.33%	21.35%
注视次数 / 次	10.80 （2.25）	17.60 （2.01）	13.60 （2.12）	20.40 （1.84）	6.80 （1.48）	24.30 （2.31）
注视次数比重	11.55%	18.23%	14.55%	21.82%	7.27%	25.99%

注：括号内为标准差。

表 5-10　不同靠背立面形态的办公座椅平均注视时间和注视次数方差分析情况表

因变量：平均注视时间与平均注视次数

		平方和	df	均方	F	Sig.
平均注视时间	组间	29978925.250	5	59941271.198	712.564	0.000**
	组内	29778678.777	354	84120.562	—	—
	总数	59757603.9	359	—	—	—
平均注视次数	组间	12432.500	5	2486.500	665.322	0.000**
	组内	1323.000	354	3.737	—	—
	总数	13755.500	359	—	—	—

注:** 表示在 0.01 水平下差异显著。

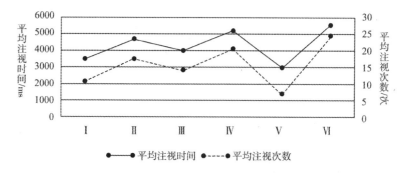

图 5-5　不同靠背立面形态办公座椅 AOI 平均注视时间与注视次数组合图

其的感兴趣程度。因本实验样本素材图片信息均由几何形态构成，整体视觉形象简洁易懂，被试者不存在难以认知的问题，因此，该部分的注视参数可从较大程度反映被试者对相应 AOI 的偏爱情况。再次结合图 5-6 可得出以下结论。

①因被试者对 Ⅵ 座椅的注视时间及注视次数比重分别为近 21% 和 26%，因此被试者可能对该类座椅的偏爱程度最高，即该类座椅视觉和逸性程度最高。

②被试者对 Ⅳ 座椅、Ⅱ 座椅及 Ⅲ 座椅的注视时间与分数比重处于一般水平，因此对其偏爱程度可能处于一般水平，即该类座椅视觉和逸性程度一般。

③被试者对 Ⅰ 座椅及 Ⅴ 座椅的偏爱程度则较低，尤其是 Ⅴ，被试者对其的注视次数比重仅为 7%，说明该类型座椅靠背的视觉和逸性程度较低。

图 5-7 所显示的被试者对各类座椅关注的综合热点图也直观表明了被试者对其的视觉关注情况（图中颜色较深区域反映被试者对其关注度较高，反之则关注度较低）。

5.3.1.2　主观评价结果与分析

主观评价根据被试者对不同靠背立面形态办公座椅的整体喜好程度及使用动机两个层面获取被试者感性心理，并结合前期眼动参数判断办公座椅靠背立面形态的视觉和逸性情况。主观评价结果见表 5-11。

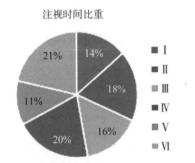

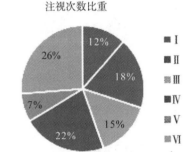

图 5-6　不同靠背立面形态办公座椅 AOI 总平均注视比重饼状对比图

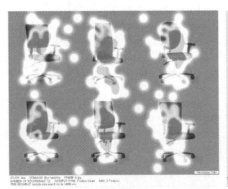

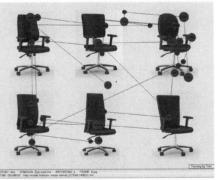

图 5-7　不同靠背立面形态的办公座椅注视情况的综合热点图及注视点图

表 5-11　不同靠背立面形态办公座椅的主观评价结果

AOI	I	II	III	IV	V	VI
总体喜好程度	0.41（0.52）	1.76（1.34）	1.33（0.48）	2.54（0.53）	-2.71（0.48）	2.68（0.52）
使用动机	-0.11（0.88）	2.24（1.14）	1.35（0.48）	2.51（0.53）	-2.13（0.88）	-0.1（1.1）

注：括号内为标准差。

由表 5-11 及图 5-8 的主观评价数据图表可得出以下结果。

①喜好程度评价结果为：VI>IV>II>III>I>V，即 VI 的受喜爱程度最高，IV 次之，II 及 III 的评价同样处于正向值，即较受被试者喜爱，I 的总体喜好程度处于一般水平，而 V 的总体喜好程度较低，即被试者基本都不喜欢该造型。经方差分析（表 5-12）可知，F=662.053，$p<0.01$，即被试者喜好度的评价值差异性非常显著。经多重比较发现：VI 与 IV 的总体喜好程度差异性不大，且均显著高于其他类型的总体喜好度，而 V 的总体喜好程度显著低于其他各类型。

②使用动机评价结果为：IV>II>III>I>VI>V，即被试者对 IV 的使用动机最大，II 次之。被试者对 III 的评价倾向也处于正向状态，即倾向于选择该类型办公座椅，而对 I、V 及 VI 的使用动机均

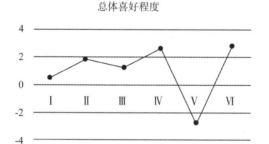
总体喜好程度

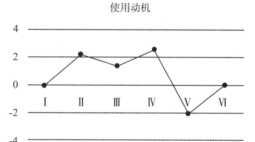
使用动机

图 5-8　不同靠背立面形态的主观评价折线图

表 5-12　靠背立面形态办公座椅的主观评价结果方差分析

因变量：总体喜好程度与使用动机

		平方和	df	均方	F	Sig.
总体喜好程度	组间	1531.700	5	306.340	662.053	0.000**
	组内	163.800	354	0.463	—	—
	总数	1695.500	359	—	—	—
使用动机	组间	895.700	5	179.140	258.417	0.000**
	组内	245.400	354	0.693	—	—
	总数	1141.100	359	—	—	—

注：** 表示在 0.01 水平下差异显著。

为负向值，即被试者对该类型座椅几乎无使用倾向。经方差分析（表5-12）可知，$F=258.417$，$p<0.01$，即被试者对各办公座椅的使用动机评价值差异性非常显著。经多重比较发现：被试者对 IV 与 II 的使用动机差异性不大，且二者均显著高于对其他类型的使用动机，对 I 与 VI 的使用动机差异性也不显著，但二者显著低于 IV 与 II，而显著高于 V，被试者对 V 的使用动机最低。

③结合总体喜好度及使用动机的评价对比（图5-9）发现：被试者对各办公座椅的评价整体呈现喜好度越高，使用动机越大的状态。然而在 VI 类型上出现异样，被试对其喜爱程度最高，但使用动机却很低。结合对相关被试者的访谈可知，虽然 VI 曲线形态整体视觉美感较好，但因其造型对背部的承托面相对较小，与 I 相差不大，而相对于 II 及 III 的舒适性可能会较小。而 II 与 III 相对 IV 来说缺少轻巧感，因此，多数被试者认为 IV（短梯形）是兼具美观与实用价值的座椅类型，其次为 II 和 II。对于 V 需合理考量靠背的上下尺寸比例，若能较好地控制，则可获得被试者较高的评价。

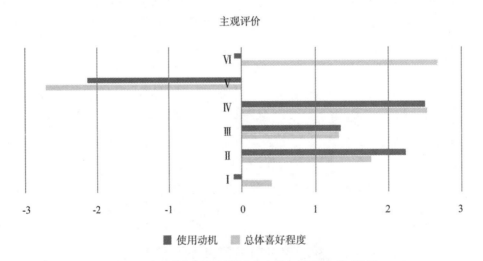

图 5-9　不同靠背立面形态的办公座椅主观评价条状对比图

5.3.1.3　结果讨论

结合眼动实验与被试者主观评价结果，对被试者与不同靠背立面形态办公座椅的视觉和逸性的分析如下。

①VI 座椅的靠背立面形态获得眼动注意程度较高，然而在被试者对其主观评价喜好度较高的情况下却具有极低的使用动机评价，因此其整体视觉和逸性程度仍处于较低状态。

②被试者对 IV 及 II 座椅的眼动参数及主观评价值均较高，因此其视觉和逸性程度较高。

③III 座椅的眼动参数及主观评价值处于一般水平，因此其视觉和逸性程度一般。

④I 及 V 座椅的评价值较低，因此其和逸性程度可能处于较低水平。对于 V 而言，多数被试者认为，若能合理考量靠背的上下尺寸比例，其和逸性程度可得到提高。

5.3.2　靠背侧面轮廓形态的视觉 HEJ

5.3.2.1　眼动结果与分析

（1）兴趣区划分

本节研究将每张实验素材图片划分为 4 个独立的 AOI，每个 AOI 包含一种靠背轮廓形态的职员座椅。

（2）眼动指标确立

本节研究的目的在于探索被试者对不同靠背侧面轮廓形态的办公座椅视觉识别过程及审美偏好，即被试者在观察图片过程中的视线转移模式及对不同靠背侧面轮廓办公座椅的视觉关注程度，与上节内容的研究思路基本一致。然而因本节实验素材间视觉差异性较细微，因此实验结果所选择的眼动参照指标将稍有差异，具体指标选择如下。

①视线转移模式及过程仍选择 AOI 转移矩阵、首视时刻及首视时长指标。

②对于被试者对不同靠背轮廓的办公座椅审美偏好的判断则选择注视频率、平均注视时间、平均注视时间比重以及合并热点图等指标。其中注视是研究被试人群获取图片信息及认知图片内容的主要方式，注视时间的长短及注视次数的多少被认为是反映被试者潜意识对某区域偏爱程度的重要指标。而因本实验素材的形态差异较小，且在实验过程中，被试者可能对各 AOI 注视的时间分配不等，因此，单纯选择注视时间或注视次数可能会使研究结果有所偏差。针对这种情况，本研究采用注视频率（单位时间内的注视次数）为参照指标，而后结合注视时间及比重综合分析被试者的眼动情况。

（3）结果与分析

从图 5-10、图 5-11 可得出以下结论。

		From			
		I	II	III	IV
To	I	32	9	7	7
	II	9	45	10	2
	III	2	11	43	3
	IV	11	3	5	48
		I	II	III	IV
	I	59.26%	18.33%	10.45%	10.45%
	II	16.67%	61.67%	14.93%	3.33%
	III	3.7%	15.0%	67.16%	5.0%
	IV	20.37%	5.0%	7.46%	71.64%

图 5-10　不同靠背侧面轮廓的办公座椅 AOI 转移矩阵

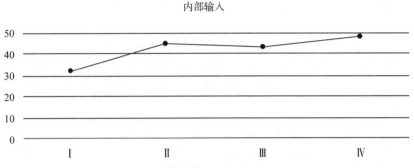

内部输入

图 5-11　不同靠背侧面轮廓 AOI 转移内部输入折线对比图

①被试者内部投入的关注次数结果为：Ⅳ>Ⅱ>Ⅲ>Ⅰ。即被试者对Ⅳ投入的关注次数最多，对Ⅱ及Ⅲ的内部关注次数仅有较小差异，而对Ⅰ的关注次数则最少。

②结合外部输入的视觉注意情况进一步对比研究发现：被试者对于Ⅰ的关注视线有 20.37% 是由Ⅳ区域转移而来，而对Ⅳ的关注也有 10.45% 的视线由Ⅰ区域转移而来，这大概是由于Ⅰ与Ⅳ的轮廓差异较大，被试者易将差异较大的形态进行信息的综合认知。此外，被试者在Ⅱ与Ⅲ的内部输入程度基本一致的情况下，相互来自对方视线转移的参数也占有较大比例，这说明二者的形态差异不显著，被试者需较多次的注视比较以辨别二者信息的不同。

由表 5-13 结合图 5-12 可得出以下结论。

①被试者对不同靠背侧面轮廓的办公座椅的首视顺序为：Ⅳ→Ⅱ→Ⅲ→Ⅰ。即被试者首先关注

Ⅳ，其次为Ⅱ，Ⅲ稍迟于Ⅱ，而对Ⅰ的首次关注则相对最迟。首视关注次序在反映目标对象形态对被试者的吸引力程度的同时，也隐含被试者的视觉审美偏好，因此 S 形的靠背轮廓形态具有较强的视觉鲜明度。

②首视时间持续情况为：Ⅳ>Ⅱ>Ⅲ>Ⅰ。即被试者对Ⅳ的首视时间最长，说明被试者对 S 形轮廓靠背的首次信息获取较努力，对Ⅱ、Ⅲ及Ⅰ依次减少。

③经首视时长的方差分析（表 5-14）可知，$F=36.334$，$p<0.01$，这说明被试者对不同靠背侧面轮廓的办公座椅首视时长差异非常显著。经多重比较分析发现：被试者对Ⅳ的首视时长显著大于其他类型，而对Ⅱ与Ⅲ的首视时长差异不显著，对Ⅰ的首视时长显著小于其他类型。由此可知，被试者对 S 形靠背轮廓的首次信息获取较为努力，S 形是其潜在偏爱类型。

表 5-13　不同靠背侧面轮廓 AOI 的首视点参数

AOI	Ⅰ	Ⅱ	Ⅲ	Ⅳ
首视时刻	5716（419.23）	4018（626.76）	4957（326.54）	3854（426.18）
首视次序	4	2	3	1
首视时长 /ms	216.21（42.68）	275.28（55.21）	266.73（55.87）	318.10（49.63）

注：括号内为标准差。

办公座椅形态要素的视觉和逸性研究

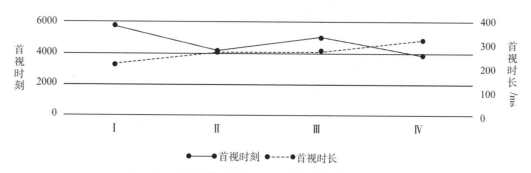

图 5-12 不同靠背侧面轮廓 AOI 首视时刻与首视时长组合图

表 5-14 不同靠背侧面轮廓首视时长方差分析情况表

因变量：首视时长

	平方和	df	均方	F	Sig.
组间	261628.375	3	87209.458	36.334	0.001**
组内	470446.500	196	2400.237	—	—
总数	732074.875	199	—	—	—

注:** 表示在 0.01 水平下差异显著。

综合以上分析可知：S 形靠背轮廓视觉鲜明度高，被试者对其的审美偏好程度相对较高，微弧形及 J 形相对一般，而直线形轮廓的视觉鲜明度最弱。

结合表 5-15 平均眼动指标数据可得出以下结论。

表 5-15 不同靠背轮廓形态的办公座椅平均注视情况参数表

AOI	I	II	III	IV
注视频率 /（次 /s）	2.48	3.54	2.94	3.85
注视时间 /ms	2416.95（456.25）	3953.63（469.05）	4069.70（342.16）	4676.24（541.87）
注视时间比重	15.99%	26.15%	26.92%	30.93%

注：括号内为标准差。

①被试者对靠背的四类轮廓形态的眼动注视频率呈现 IV>II>III>I 的状态，如图 5-13（a）所示，S 形轮廓较其他形态而言在单位时间内获取的关注次数最多，其次为微弧形及 J 形，而直线形轮廓最少。相应区域注视频率的高低反映被试者对其感兴趣程度，因此被试者对 S 形的兴趣最高，而对直线形的兴趣最低。

②被试者对不同轮廓形态靠背的办公座椅注视时间及注视时间比重为 IV>III>II>I，如图 5-13（b）和（c）所示，即 IV 获得较长的关注时间，对 III 的关注时间多于 II，对 I 的关注时间最短。关注时间的长短表示信息量获取的多少及获取的难易程度，并在一定程度上反映被试者的偏好及感兴趣的程度。综合热点图 5-13（d），直观地反映了

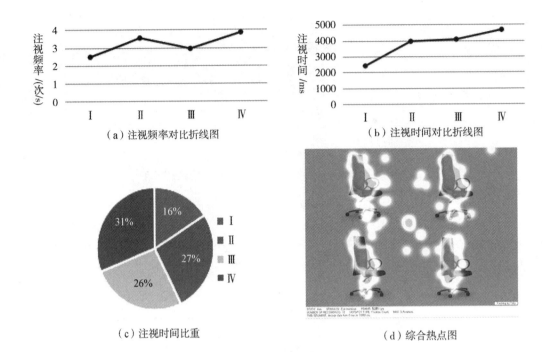

(a) 注视频率对比折线图   (b) 注视时间对比折线图

(c) 注视时间比重   (d) 综合热点图

图 5-13　不同靠背轮廓形态的总平均眼动指标数据图

被试者对四种类型靠背轮廓的视觉关注程度,因此,可再次判断被试者对 S 形靠背轮廓的喜好程度较高,对直线形的喜好程度最低。

③结合注视频率与注视时间指标发现,被试者对 J 形的注视频率较低而注视时间却较长,其原因可能是被试者利用相对较长的时间对 J 形与微弧形轮廓进行了对比,而因微弧形轮廓较易识别,这使

得在进行形态信息比对认知的过程中,被试者对为获得足够的 J 形的形态信息而使用了较长时间及较少的次数,即对其认知得更为努力。因此,被试者可能对 J 形感兴趣的程度较高。

5.3.2.2　主观评价结果与分析

被试者对不同靠背侧面轮廓形态办公座椅的主观评价结果见表 5-16。

表 5-16　不同靠背侧面轮廓形态的主观评价结果

AOI	I	II	III	IV
总体喜好程度	−1.41（1.07）	1.30（1.49）	0.82（0.63）	1.81（1.03）

注：括号内为标准差。

办公座椅形态要素的视觉和逸性研究

由表 5-16 及图 5-14 的主观喜好度评价数据图表可知被试者对各靠背侧面轮廓座椅的喜好程度评价结果为：IV>II>III>I，即被试者对 IV 的喜好程度评价最高，II 次之，对 III 的喜好属一般水平，而对 I 的喜好程度较低，大多数被试者表示对 I 类型靠背轮廓形态产生排斥心理。

经喜好度主观评价的方差分析（表 5-17）可知，F=89.217，p<0.01，即被试者对喜好度主观评价值差异性非常显著。这说明各靠背轮廓形态在外观表征上对被试者视觉审美影响度较高，且 S 形轮廓的审美倾向较高，微弧形及 J 形同样可以激发被试的喜爱判断，而直线形轮廓靠背形态不受被试者喜爱，应在设计中尽量避免。

此外，将主观喜好度评价值与各眼动参数综合对比（图 5-15）可知，喜好度评价值越高，则眼动注视频率越高、注视时间越长，且首次注视次序越靠前，说明注视频率的高低、注视时间的长短及首次注视情况反映了被试者审美评价倾向。就注视时间指标而言，II 与 III 处出现异常，即对 J 形的注视时间长而审美评价略低于微弧形。仅就其数据指标而言，二者的差异并不显著，且评价均处于正向值，被试者对二者视觉审美喜好度高于直线形而低于 S 形。

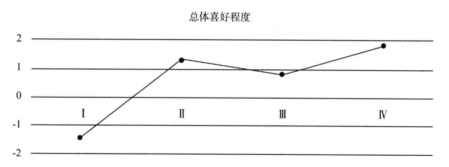

总体喜好程度

图 5-14　不同靠背侧面轮廓的办公座椅主观评价折线图

表 5-17　不同靠背侧面轮廓形态的办公座椅主观评价结果方差分析

因变量：喜好度评价

	平方和	df	均方	F	Sig.
组间	298.375	3	99.458	89.217	0.008**
组内	218.500	196	1.115	—	—
总数	516.875	199	—	—	—

注：** 表示在 0.01 水平下差异显著。

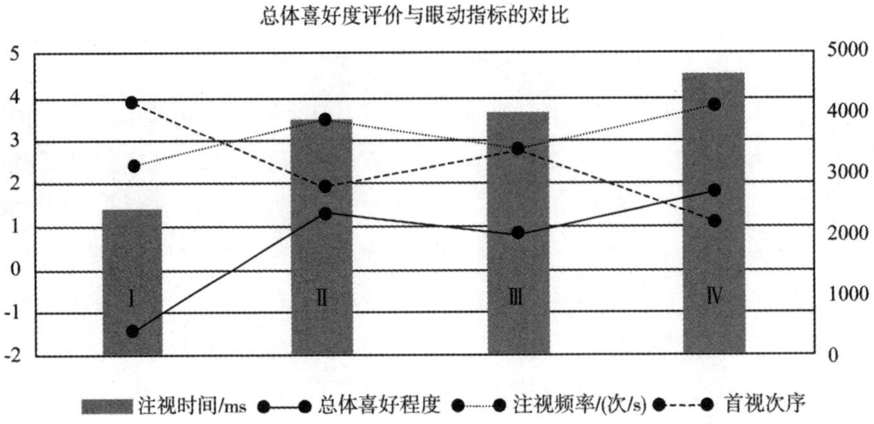

总体喜好度评价与眼动指标的对比

注视时间/ms ●——● 总体喜好程度 ●·····● 注视频率/(次/s) ●--● 首视次序

图 5-15　不同靠背侧面轮廓形态的主观评价与眼动参数对比组合图

5.3.2.3　结果讨论

注视频率反映目标对象形态的鲜明度，注视时间反映被试者对获取目标对象信息的努力程度及潜在偏好，将眼动参数结合喜好度主观评价结果可对办公座椅靠背不同侧面轮廓的视觉和逸性进行分析，结果如下。

①被试者对四种类型的靠背轮廓形态的视觉和逸性程度为Ⅳ>Ⅱ>Ⅲ>Ⅰ，即 S 形的视觉和逸性程度最高，而直线形的视觉和逸性程度最低。

②微弧形及 J 形视觉和逸性处于较高或中等状态，且二者差异性不显著。

③办公座椅靠背侧面轮廓形态应尽量避免直线形轮廓，尽量选择曲线形态（包括 S 形、微弧形与 J 形等），柔和形态易使人产生舒适感，尤其是 S 形靠背轮廓与人体脊柱形态近似，获得多数被试者的关注。

5.3.3　靠背填充效果的视觉 HEJ

5.3.3.1　眼动结果与分析

（1）兴趣区划分

本节研究将每张实验素材图片划分为 2 个独立的 AOI，每个 AOI 包含一种靠背填充效果的职员座椅。

（2）眼动指标确立

本节研究的目的在于探索被试者对不同填充效果的职员办公椅的视觉关注程度及潜在审美偏好，与前期内容的研究思路基本一致。因本节实验素材 AOI 较少，且差异性对比较为明确，因此选择的眼动指标与前期各研究对比而言有相应差异，具体指标选择为以下内容。

①选择首视时刻及首视时长指标用以探讨被试者的潜在兴趣关注点。

②选择注视频率、注视时间及合并热点图，用以探讨被试者对相应 AOI 的整体视觉关注程度及

偏好情况。

（3）结果与分析

①结合表 5-18 及图 5-16（a）首视时刻与首视时长来看，被试者首先关注 I，而后才将注视点投向 II，且 I 的首视时长大于 II，即被试者对网格通透型靠背座椅的首次信息获取时间较封闭密实型更长。

②由首视时长方差分析结果发现（表 5-19），

$F=1.293$，$p>0.05$，即被试者对两种不同靠背填充方式的首次关注时间长度的差异不显著。这说明二者的外观形态差异较小，或鲜明度对比较低，对被试者的首次视觉观察影响较小。在座椅的其他各项视觉表征及性能均一致的前提下，被试者对目标对象的首次关注越靠前，目标对象的视觉鲜明程度则相对越高，且潜在偏好的可能性程度也越大。因此，在首视时长不存在显著差异的情况下，被试者对网格通透型靠背座椅的潜在偏好程度较高。

表 5-18　靠背不同填充效果的眼动数据

AOI	首视时刻	首视时长 /ms	注视频率 /（次 /s）	注视时间 /ms
I	3256（413.48）	294.53（50.50）	4.48（1.04）	3986.95（513.14）
II	4618（409.71）	282.84（56.65）	3.87（1.39）	2953.63（471.15）

注：括号内为标准差。

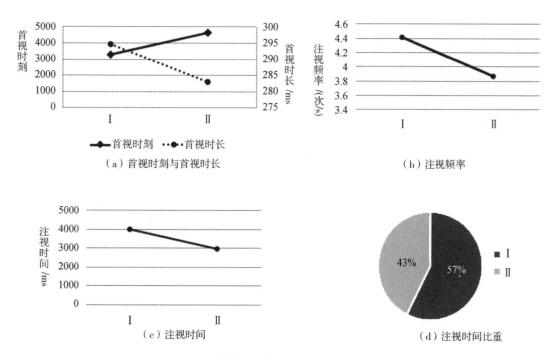

（a）首视时刻与首视时长

（b）注视频率

（c）注视时间

（d）注视时间比重

图 5-16　靠背不同填充效果的眼动指标数据图

表 5-19　靠背不同填充效果的首视时长的方差分析

因变量: 首视时长

	平方和	df	均方	F	Sig.
组间	3422.250	1	3422.250	1.293	0.258
组内	259340.500	98	2646.332	—	—
总数	262762.750	99	—	—	—

表 5-20　靠背不同填充效果的注视频率方差分析

因变量: 注视频率

	平方和	df	均方	F	Sig.
组间	9.302	1	9.302	6.705	0.011*
组内	135.963	98	1.387	—	—
总数	145.265	99	—	—	—

注:* 表示在 0.05 水平下差异显著。

③从图 5-16(b)被试者注视频率的对比来看,被试者对Ⅰ(网格通透型)的注视频率高于Ⅱ(封闭密实型)。经方差分析可知(表 5-20),$F=6.705$,$p<0.5$,即被试者对两种不同靠背填充方式的注视频率差异显著。结合前期研究可知,注视频率是注视行为中体现被试者对目标对象的选择性注意特征,即目标对象的特征越鲜明突出或被试者对其感兴趣的程度越高,则注视频率指标越高。因此,被试者对网格通透型靠背座椅的感兴趣程度可能高于封闭密实型靠背座椅。

④从图 5-16(c)被试者的平均注视时间对比情况来看,被试者对网格通透型的平均注视时间长于封闭密实型,且被试者投入较大比例的关注时间于网格通透型,而封闭密实型获得的受关注时间比例较低。将平均注视时间经方差分析可知(表 5-21),$F=119.79$,$p<0.01$,即被试者对两种不同靠背填充方式的平均注视时间的差异非常显著。注视时间的长短反映被试者对目标对象信息的认知能力及获取信息的努力程度,时间越长,则说明被试者观察越认真,获取信息越努力。因此,被试者对网格通透型的座椅信息获取较努力,说明被试者对其存在较高的兴趣或偏好,而封闭密实型的座椅则次之。

表 5-21　靠背不同填充方式的办公座椅注视时间的方差分析

因变量: 注视时间

	平方和	df	均方	F	Sig.
组间	26693703.894	1	26693703.894	119.790	0.000**
组内	21838081.693	98	222837.568	—	—
总数	48531785.587	99	—	—	—

注:** 表示在 0.01 水平下差异显著。

如图 5-16（d）所示，对 I 的注视时间比重为 57.44%，被试者对 II 的注视时间比重为 42.56%，其差异并不显著，因此，被试者对两种靠背填充效果的视觉审美及关注程度相近。图 5-17 为靠背不同填充方式的办公座椅眼动注视热点及注视点图，直观地显示了被试者的视觉关注程度。

图 5-17　靠背不同填充方式的办公座椅眼动热点图及注视点图

5.3.3.2　主观评价结果与分析

被试者对不同靠背填充效果主观评价结果见表 5-22。

据表 5-22 及图 5-18 可知：被试者对这两种类型办公座椅的喜好度评价值均处于正向值，且 I>II，说明被试者对网格通透型座椅的喜好度高于封闭密实型座椅。结合方差分析（表 5-23）可知，$F=45.961$，$p<0.01$，即被试者对其喜好度的评价值差异非常显著，即网格通透型座椅的受喜爱程度显著高于封闭密实型座椅。

表 5-22　靠背不同填充效果的主观评价结果

AOI	I	II
喜好程度	2.01（0.82）	0.93（0.88）

注：括号内为标准差。

喜好程度

图 5-18　靠背不同填充效果的主观评价折线图

表 5-23　靠背不同填充效果的主观评价方差分析

因变量：喜好度评价

	平方和	df	均方	F	显著性
组间	30.250	1	30.250	45.961	0.000**
组内	64.500	98	0.658	—	—
总数	94.750	99	—	—	—

注:** 表示在 0.01 水平下差异显著。

5.3.3.3　结果讨论

结合眼动实验与被试者主观评价结果，被试者对不同靠背填充效果办公座椅的视觉和逸性结果为：网格通透型靠背填充效果的座椅眼动注意程度及主观评价程度较高，具有较高的潜在视觉 HEJ，封闭密实型的座椅视觉 HEJ 则相对较弱。

5.3.4　靠背与座面关系的视觉 HEJ

5.3.4.1　眼动结果与分析

（1）兴趣区划分

将每张实验素材图片划分为 3 个独立的 AOI，每个 AOI 包含一种形态关系模式的职员座椅。

为便于后期数据分析及统计，本研究将靠背与座面的一体化、贴近与分离形态的三个 AOI 分别编码为 I、II、III。

（2）眼动指标确立

本节实验素材 AOI 较少，且差异性对比较为明确，因此选择的眼动指标与前文对靠背填充效果的研究指标选择一致，即选择首视时刻及首视时长指标以探讨被试者的潜在兴趣关注点，选择注视频率、注视时间、注视时间比重及合并热点图等指标，以探讨相应 AOI 的整体视觉关注程度及偏好情况，为最终和逸性结论提供参照。

（3）结果与分析

表 5-24　靠背与座面关系的眼动数据

AOI	首视时刻	首视时长 /ms	注视频率 /（次 /s）	注视时间 /ms	注视时间比重
I	5258（759.19）	217.42（48.58）	2.57（1.09）	2216.95（338.83）	25.48%
II	3394（604.31）	278.51（37.82）	3.59（2.04）	3673.63（448.81）	42.22%
III	6573（906.38）	244.63（33.36）	2.7（1.31）	2809.7（436.33）	32.29%

注：括号内为标准差。

结合表 5-24 及图 5-19（a）来看，被试者首先关注 Ⅱ，而后才将注视点投向 Ⅰ，Ⅲ 的首次关注时刻最靠后。在座椅的其他各项视觉表征及性能均一致的前提下，被试者对目标对象的首次关注越靠前，目标对象的视觉鲜明程度则相对越高，且潜在偏好的可能性程度也越大。因此，Ⅱ 类型座椅的视觉鲜明度较高，具有潜在视觉和逸性。此外，三者首视时长结果为 Ⅱ>Ⅲ>Ⅰ，即 Ⅱ 类型座椅的首次关注时间较长，而 Ⅰ 的首次关注时间最短，说明被试者对 Ⅱ 的兴趣度最高，对 Ⅰ 的则最低，Ⅲ 处于中间程度。

如图 5-19（b）所示，被试者注视频率结果为 Ⅱ>Ⅲ>Ⅰ，即被试者对 Ⅱ 的注视频率最高，即感兴趣程度最强。经方差分析可知（表 5-25），$F=9.381$，$p<0.01$，即被试者对三种不同靠背与座面关系办公座椅的注视频率差异非常显著。经多重比较研究发现，Ⅱ 的注视频率显著高于 Ⅰ 与 Ⅲ，而 Ⅰ、Ⅲ 之间的注视频率差异不显著。因此，被试者对 Ⅱ 的视觉偏好程度较高，对 Ⅰ、Ⅲ 的偏好相对处于一般或较低水平。

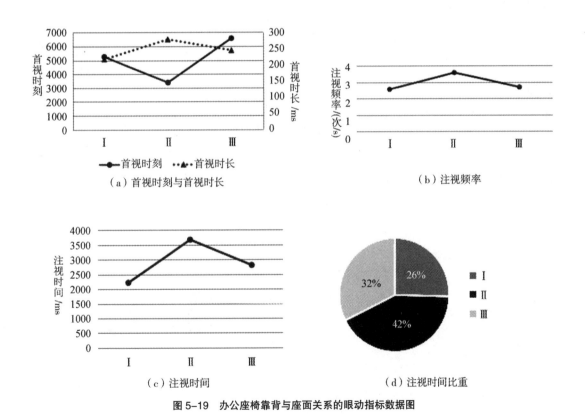

（a）首视时刻与首视时长

（b）注视频率

（c）注视时间

（d）注视时间比重

图 5-19　办公座椅靠背与座面关系的眼动指标数据图

表 5-25　靠背与座面关系的注视频率方差分析

因变量：注视频率

	平方和	df	均方	F	Sig.
组间	29.120	2	14.560	9.381	0.000**
组内	228.166	147	1.552	—	—
总数	257.286	149	—	—	—

注:** 表示在 0.01 水平下差异显著。

表 5-26　不同靠背与座面关系的注视时间的方差分析

因变量：注视时间

	平方和	df	均方	F	Sig.
组间	53660841.635	2	26830420.818	173.002	0.000**
组内	22797904.661	147	155087.787	—	—
总数	76458746.296	149	—	—	—

注:** 表示在 0.01 水平下差异显著。

如图 5-19（c）所示，被试者注视时间的结果为 Ⅱ>Ⅲ>Ⅰ，即被试者对 Ⅱ 的注视时间最长，而对 Ⅰ 的注视时间最短。结合注视时长经方差分析发现（表 5-26），$F=173.002$，$p<0.01$，即被试者对三种不同靠背与座面关系办公座椅的注视时间长度差异非常显著。经多重比较研究发现，在 0.05 水平下，对 Ⅱ 的注视时间显著长于 Ⅰ 与 Ⅲ，对 Ⅰ 的注视时间显著短于 Ⅱ、Ⅲ，Ⅲ 处于中间水平。注视时间的长短反映被试者对目标对象信息的认知能力及获取信息的努力程度，时间越长，则观察越认真，获取信息越努力。因此，被试者对 Ⅱ 的信息获取最努力，说明被试者对其存在较高的兴趣或偏好，Ⅲ 次之，对 Ⅰ 的视觉偏好程度最低，即 Ⅰ 可能为和逸性程度最低的视觉形态。

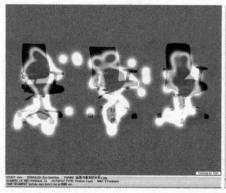

图 5-20　不同靠背与座面关系的办公座椅眼动热点图及注视点图

如图5-19（d）所示，被试者对II的注视时间比重为42.22%，高于I（比重为25.48%）与III（比重为32.29%），再次证明II获得较高的视觉关注，具有较强的视觉吸引力，其次为III，最不能诱发被试者较高视觉关注的为I。图5-20为靠背与座面不同连接关系的眼动注视热点及注视点图，直观地显示了被试者对这些座椅的视觉关注程度。

综合以上研究可得出以下结论。

①座面与靠背贴近式的办公座椅的视觉鲜明程度较高，易获得被试者视觉优先关注，具有较强的视觉吸引力。

②被试者对靠背与座面分离式的办公座椅的视觉审美偏好程度高于靠背与座面一体式的办公座椅而低于座面与靠背贴近式，分离式是潜在视觉和逸性程度为一般水平的座椅类型。

③被试者对靠背与座面一体式的办公座椅的兴趣度最低，这类办公座椅不能引起被试较高的视觉关注度，因此，其潜在和逸性程度处于较低水平。

5.3.4.2　主观评价结果与分析

被试者对靠背与座面关系的主观喜好程度评价结果见表5-27。

表5-27　靠背与座面关系的办公座椅主观评价结果

AOI	I	II	III
喜好程度	0.1（0.99）	1.6（1.51）	1.1（0.74）

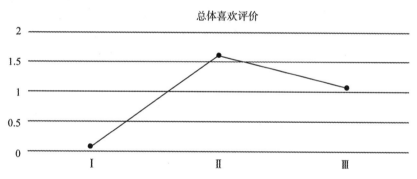

图5-21　靠背与座面关系的主观评价折线图

注：括号内为标准差。

表5-28　靠背与座面关系的主观评价方差分析

因变量：喜好度评价

	平方和	df	均方	F	Sig.
组间	58.333	2	29.167	25.073	0.000**
组内	171.000	147	1.163	—	—
总数	229.333	149	—	—	—

注：** 表示在0.01水平下差异显著。

据表 5-27 及图 5-21 中所示数据结果可知喜好程度为 II>III>I，且被试者对三者的喜好度评价值均为正向值。被试者对 II 的喜好程度最高，III 处于中等程度，而对 I 的喜好程度为一般。结合方差分析（表 5-28）可知，$F=25.073$，$p<0.01$，即被试者的喜好度的评价值差异非常显著，对 II 的喜好程度显著高于 I 与 III，对 III 的喜好程度高于 I 而低于 II 处于中等状态，对 I 的喜好程度显著低于 II、III。

5.3.4.3 结果讨论

结合眼动参数研究结论及主观评价结果，办公座椅不同靠背与座面关系的视觉和逸性可分析如下。

①座面与靠背贴近式的办公座椅的视觉鲜明程度及视觉吸引力较高，且具有最高喜好度评价值，因此，其潜在视觉和逸性程度较高。

②靠背与座面分离式的视觉喜好程度高于一体式而低于座面与靠背贴近式，是具有一般视觉和逸性程度的座椅类型。

③被试者对一体式的兴趣度最低，不能引起被试者较高的视觉关注度，因此，这类座椅视觉和逸性程度可能处于较低水平。

5.3.5 靠背与头靠关系的视觉 HEJ

5.3.5.1 眼动结果与分析

（1）兴趣区划分

将每张实验素材图片划分为三个独立的 AOI，每个 AOI 包含一种靠背与头靠不同连接模式的职员座椅，并将长靠背与头靠的分离、贴近以及无头靠三个 AOI 分别编码为 I、II、III，短靠背与头靠的三种连接关系编码为 IV、V、VI，并分别进行统计与分析研究。

（2）眼动指标确立

本节研究的目的在于探索被试者对靠背与头靠连接关系不同的职员办公座椅视觉关注程度及潜在审美偏好，与前期内容的研究思路基本一致，因此眼动指标选择一致。选择首视时刻及首视时长指标用以探讨被试者的潜在兴趣关注点，选择注视频率、注视时间、注视时间比重及合并热点图等指标，用以探讨被试者对相应 AOI 的整体视觉关注程度及偏好情况，为最终和逸性结论提供参照。

（3）结果与分析

结合表 5-29 及图 5-22（a）发现：对于长靠背与头靠的连接关系而言，被试者对其的关注顺序为 II→I→III，即靠背与头靠贴近式座椅最先获得被试者关注，而后才将注视点投向靠背与头靠分离式座椅，无头靠办公座椅的首次关注时刻最靠后，对于短靠背与头靠的连接关系而言，被试者的关注顺序为 IV→V→VI，即靠背与头靠分离式座椅最先获得被试者关注，无头靠座椅为最后。此外，首视时长结果为 II>I>III 且 IV>V>VI，即 II 与 IV 座椅的首次关注时间较长，I 与 V 次之，而 III 与 VI 的首视时长最短。结合相关理论可知，被试者对目标对象的首次关注越靠前且首视时长越长，目标对象的视觉鲜明程度及被试者的感兴趣程度相对越高，且潜在偏好的可能性程度也越大。因此，II 与 IV 座椅的视觉形态具有较高程度的潜在视觉和逸性，I 与 V 一般，而 III 与 VI 程度最低。

表 5-29　靠背与头靠连接关系的眼动数据表

AOI	I	II	III	IV	V	VI
首视时刻	3208 （479.92）	2381 （564.33）	4513 （762.18）	2029 （334.19）	3427 （519.35）	4118 （542.76）
首视时长 /ms	287.42 （50.42）	305.81 （67.77）	217.64 （42.57）	320.50 （46.11）	285.89 （46.73）	207.65 （41.94）
注视频率 / （次 /s）	3.69	3.84	3.35	4.01	3.92	3.14
注视时间 /ms	3596.95 （476.18）	3933.63 （477.97）	2809.7 （574.32）	4046.95 （454.83）	3673.63 （496.06）	2609.7 （529.35）
注视时间比重	34.79%	38.04%	27.17%	39.18%	35.56%	25.26%

注：括号内为标注差。

如图 5-22（b）所示，长靠背与头靠不同连接关系中，注视频率为 II>I>III；短靠背与头靠不同连接关系中，注视频率为 IV>V>VI，即被试者对 II 与 IV 的注视频率最高，表示被试者对其感兴趣程度最强，I 与 V 一般，而 III 与 VI 为最低。

如图 5-22（c）所示，被试者注视时间结果

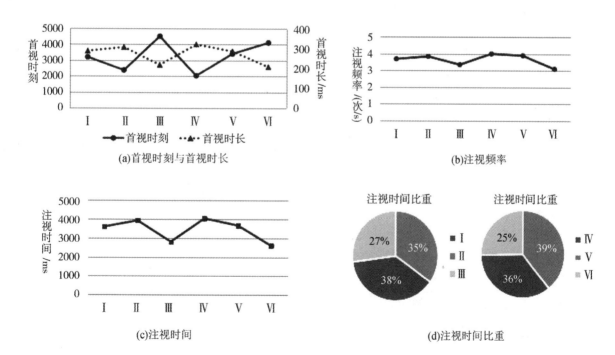

(a)首视时刻与首视时长

(b)注视频率

(c)注视时间

(d)注视时间比重

图 5-22　靠背与头靠连接关系的眼动指标数据图

与注视频率结果与一致。长靠背与头靠不同连接关系中，注视时间为Ⅱ>Ⅰ>Ⅲ；短靠背与头靠不同连接关系中，注视时间为Ⅳ>Ⅴ>Ⅵ。即被试者对Ⅱ与Ⅳ的注视时间较长，Ⅰ与Ⅴ次之，而Ⅲ与Ⅵ最短。结合注视时长经方差分析发现（表5-30），长靠背与头靠不同连接关系注视时间差异性非常显著，$F=39.521$，$p<0.01$。然而经多重比较发现，在0.05水平下，被试者对Ⅱ的注视时间显著长于Ⅲ，但被试者对Ⅰ与Ⅱ的注视时间差异不显著，因此，被试者对长靠背与头靠连接关系中Ⅰ与Ⅱ的关注度相似，对Ⅲ的关注度最低。短靠背与头靠不同连接

关系的注视时间差异性非常显著，$F=123.904$，$p<0.01$，即被试者对Ⅳ的注视时间显著长于Ⅴ、Ⅵ，且对Ⅴ的注视时间显著长于Ⅵ，因此，Ⅵ获得最低的关注程度。注视时间的长短反映被试者对目标对象信息的认知能力及获取信息的努力程度，时间越长，则观察越认真，获取信息越努力。因此，被试者对Ⅱ与Ⅳ的信息获取最努力，且Ⅰ与Ⅱ差异不显著，说明被试者对这三者均存在较高的兴趣或偏好，Ⅴ次之，Ⅲ与Ⅵ的关注度最低，被试者对其视觉偏好程度可能为最低水平。

表5-30　靠背与头靠不同连接关系的注视时间的方差分析

因变量：注视时间

		平方和	df	均方	F	Sig.
长靠背与头靠的连接关系	组间	216497.333	2	108248.667	39.521	0.000**
	组内	402632.000	147	2738.993	—	—
	总数	619129.333	149	—	—	—
短靠背与头靠的连接关系	组间	55616980.302	2	27808490.151	123.904	0.000**
	组内	32992007.661	147	224435.426	—	—
	总数	88608987.963	149	—	—	—

注:** 表示在 0.01 水平下差异显著。

如图 5-22（d）所示，对于长靠背与头靠的不同连接关系，Ⅱ的注视时间比重为38.04%，高于Ⅰ与Ⅲ；对于短靠背与头靠的不同连接关系而言，Ⅳ的注视时间比重为39.18%，高于Ⅴ与Ⅵ，再

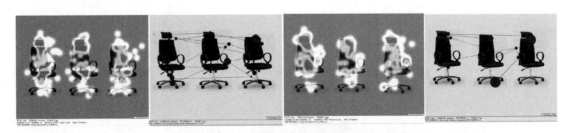

图5-23　靠背与头靠关系的眼动热点图及注视点图

次证明 II 与 IV 有较高的视觉关注程度，具有较强的视觉吸引力，其形态具有较高的视觉和逸性程度，其次为 I 与 V。图 5-23 为靠背与头靠不同连接关系的眼动注视热点及注视点图，直观地显示了被试者的视觉关注程度。

5.3.5.2　主观评价结果与分析

被试者对靠背与头靠关系的主观喜好程度评价结果见表 5-31。

表 5-31　靠背与头靠关系的办公座椅主观评价结果

AOI	I	II	III	IV	V	VI
喜好程度	0.50（1.08）	1.40（0.84）	-0.20（1.14）	2.00（0.94）	1.70（0.95）	-0.90（1.10）

注：括号内为标准差。

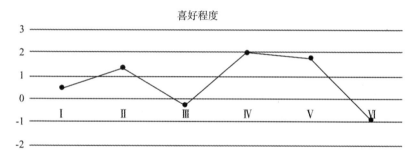

图 5-24　靠背与头靠关系的主观评价折线图

表 5-32　靠背与头靠关系的主观评价方差分析

因变量：喜好程度评价

		平方和	df	均方	F	显著性
长靠背与头靠的连接关系	组间	64.333	2	32.167	33.182	0.000**
	组内	142.500	147	0.969	—	—
	总数	206.833	149	—	—	—
短靠背与头靠的连接关系	组间	254.333	2	127.167	138.470	0.000**
	组内	135.000	147	0.918	—	—
	总数	389.333	149	—	—	—

注：** 表示在 0.01 水平下差异显著。

从表 5-31 及图 5-24 被试者对办公座椅靠背与头靠关系的主观喜好程度评价数据结果可知：长靠背与头靠连接关系中，喜好程度评价为 II>I>III。经方差分析发现其值差异非常显著（表 5-32），

$F=33.182$，$p<0.01$，即 Ⅱ 的受喜好程度显著高于 Ⅰ 与 Ⅲ，Ⅲ 的受喜好程度评价最低。短靠背与头靠的关系中，受喜好程度为 Ⅳ>Ⅴ>Ⅵ，且喜好程度评价值同样差异非常显著，$F=138.470$，$p<0.01$，然而经多重比较发现，Ⅳ 与 Ⅴ 的受喜好程度评价差异不显著，即被试者对 Ⅳ 与 Ⅴ 的喜好程度评价等级一致，对 Ⅵ 的喜好程度评价最低。

5.3.5.3 结果讨论

结合眼动参数研究结果及主观评价结果，对办公座椅不同靠背与头靠关系的视觉和逸性的分析如下。

①长靠背与头靠贴近式与短靠背与头靠分离式办公座椅的视觉鲜明程度较高，易获得被试者的视觉优先关注，具有较强的视觉吸引力；且这二者的主观喜好度评价值也处于较高水平，因此二者视觉形态具有较高和逸性程度。

②被试者对办公座椅长靠背与头靠分离式及短靠背与头靠贴近式的视觉关注程度及主观喜好评价值均低于上述两种而显著高于长靠背无头靠及短靠背无头靠座椅，因此，长靠背与头靠分离式及短靠背与头靠贴近式座椅是潜在视觉和逸性程度为一般水平的座椅类型。

③被试者对长靠背无头靠及短靠背无头靠办公座椅的兴趣度最低，不能引起被试者较高的视觉关注度，且主观喜好度评价指标也处于较低水平，因此，其潜在和逸性程度相对较低。

因此，长靠背座椅与头靠适于采用贴近式连接方式，而短靠背座椅与头靠适于采用分离式连接方式。结合眼动数据及主观评价值可知，短靠背座椅与头靠的分离及贴近式连接的组合形态对被试视觉影响差异不显著，因此，可以根据设计需求选择性设置。此外，相对而言，被试者对无头靠办公座椅的视觉兴趣度较低，这类座椅是和逸性程度较低的座椅形态。

5.3.6 扶手形态的视觉 HEJ

5.3.6.1 眼动结果与分析

（1）兴趣区划分

将每张实验素材图片划分为 6 个独立 AOI，每个 AOI 包含一种扶手形态的座椅。

（2）眼动指标确立

本节研究的目的在于探索被试者对不同扶手形态的职员办公座椅的视觉识别过程及审美偏好，即被试者在观察图片过程中的视线转移模式及对不同扶手办公座椅的视觉关注程度，具体指标选择如下。

①视线转移模式及过程选择 AOI 转移矩阵、首视时刻及首视时长指标。

②被试者对不同扶手形态的办公座椅审美偏好的判断则选择注视频率、平均注视时间、平均注视时间比重以及合并热点图等多项指标。

（3）结果与分析

从图 5-25 被试者对不同扶手形态办公座椅 AOI 转移矩阵及图 5-26 各 AOI 注视的内部输入数据可知：

①被试者内部输入的关注次数由多到少为 I>III>II>IV>V>VI，即 T 形扶手获得最高内部加工次数，一字形、倒 L 形及三角形次之，而圆角三角形及无扶手座椅的内部加工次数最低。内部输入表示被试者对相应区域所包含信息的感兴趣程度及

		From					
		I	II	III	IV	V	VI
To	I	47	9	11	2	8	5
	II	8	40	7	4	5	7
	III	11	4	43	7	2	2
	IV	9	1	5	38	10	4
	V	3	8	8	9	32	2
	VI	5	6	1	3	2	25
		I	II	III	IV	V	VI
	I	56.63%	13.24%	14.67%	3.17%	13.56%	11.11%
	II	9.64%	58.82%	9.33%	6.35%	8.47%	15.56%
	III	13.25%	5.88%	57.33%	11.11%	3.39%	4.44%
	IV	10.84%	1.47%	6.67%	60.32%	16.95%	8.89%
	V	3.61%	11.76%	10.67%	14.29%	54.24%	4.44%
	VI	6.02%	8.82%	1.33%	4.76%	3.39%	55.56%

图 5-25 不同扶手形态职员办公座椅 AOI 转移矩阵

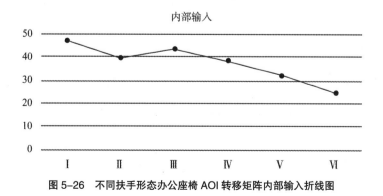

图 5-26 不同扶手形态办公座椅 AOI 转移矩阵内部输入折线图

吸引力，因此，T 形扶手的视觉信息吸引力较高，一字形、倒 L 形及三角形次之，无扶手则最低。

②被试者对于 I 的关注有 13.25% 是由 III 区域转移而来，而对 III 的关注有 14.67% 是从 I 的注视区域转移获得，而 II 的最高外部视线转移来源于 I（占总关注程度的 13.24%），说明被试者在对三者进行视觉认知时进行了相互间的多次对比。进一步分析发现，该三类扶手形态均由简单的线元素直接构成，无多余交叉组件，视觉相似程度较高，易使被试者形成视觉上的同质化形象，因此，被试者需对其进行多次信息获取与比对。

③被试者对 IV 的关注有 14.29% 是由 V 区域转移而来，而对 V 的关注有 16.95% 是从 IV 的注视区域转移获得，说明被试者对这两类扶手形态存在视觉认知互动。同理，IV 与 V 的扶手均是采用线形闭合方式营造形态，二者存在形态上的差异性，但被试者仍投入了较多对比关注，以获取线形曲直带来的不同信息。

④综合被试者对各扶手形态的内部与外部输入视觉总关注度发现，$I_总 > III_总 > II_总 > IV_总 > V_总 > VI_总$。T 形扶手仍获得最多的视觉注意，一字形、倒 L 形及三角形扶手次之，而圆角三角形及无扶手视觉注

意次数最少，说明被试者对 T 形扶手的潜在喜好程度较高，而对其他类型的偏好则依次减弱。

从表 5-33 首次注视情况结合首视时刻及图 5-27 时长组合对比可知：

①被试者关注不同扶手形态办公座椅的首视顺序为：III → I → II → IV → V → VI，即被试者首先关注 III，而后依次关注 I、II、IV、V，最后关注 VI。首视次序反映相应区域的视觉鲜明度及对被试者的视觉吸引力，因此 III 扶手的视觉鲜明度最高，I 次之，VI 形态最不易引起被试者注意。

②从首视时长来看，I>III>II>IV>V>VI，即被试者对 I 的首视时间最长，说明被试者对 I 扶手的首次信息获取较努力；对 III、II、IV 及 V 的首视时间依次减少，而对 VI（无扶手）的首视关注持续时间最短，说明被试者首次注视对 VI 的信息获取最少。

③经首视时长的方差分析（表 5-34）可知，$F=25.150$，$p<0.01$，即被试者对不同扶手形态的办公座椅首视时长差异非常显著。结合图 5-27 进一步对比研究发现，被试者对 I 扶手的首视时长显著大于其他类型，III、II、IV 及 V 次之，而对 VI 的首次注视持续时长显著小于其他类型。

表 5-33　不同扶手形态办公座椅 AOI 的首视点参数

AOI	I	II	III	IV	V	VI
首视时刻	3911 （743.43）	5151 （1126.26）	2561 （826.54）	6803 （1096.38）	7671 （1296.31）	8687 （905.46）
首视次序	2	3	1	4	5	6
首视时长 /ms	303.7 （28.96）	283.8 （33.24）	291 （31.72）	269.2 （28.94）	256 （38.44）	243.3 （37.05）

注：括号内为标准差。

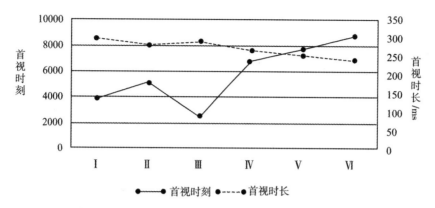

图 5-27　不同扶手形态办公座椅首视时刻与首视时长组合图

表 5-34　不同扶手形态的办公座椅首视时长方差分析结果

因变量：首视时长

	平方和	df	均方	F	Sig.
组间	127758.000	5	25551.600	25.150	0.000**
组内	298697.000	294	1015.976	—	—
总数	426455.000	299	—	—	—

注：** 表示在 0.01 水平下差异显著。

结合相关原理可知，视觉识别过程反映被试者对不同扶手形态办公座椅的信息获取及认知过程。转移矩阵的内部输入参数反映被试者对相应座椅的兴趣度，外部转移反映视觉选择性注意的对比过程。此外，首视时刻的先后反映视觉鲜明程度，首视时间的长短不仅反映被试者对目标对象信息获取的努力程度及信息量的多少，更能从一定程度上反映被试者潜意识中对相应对象的兴趣及偏爱。综合以上研究可做以下推测。

①Ⅰ、Ⅲ 及 Ⅱ 扶手办公座椅的视觉鲜明度及被试者对其形态的感兴趣程度较高，因此其形态的潜在审美程度及和逸性程度较高。

②Ⅳ 及 Ⅴ 扶手办公座椅的首次关注参数处于一般水平，即被试者对其视觉兴趣处于一般水平，

这类办公座椅和逸性程度也一般。

③Ⅵ 座椅的首次关注时长最短，是视觉形态鲜明度最低的类型。

以上推测可通过眼动总平均参数进行再次分析与验证，具体分析如下。

由表 5-35 及图 5-28（a）可看出各类型办公座椅眼动注视频率关系为：Ⅲ>Ⅰ>Ⅱ>Ⅴ>Ⅳ>Ⅵ，即被试者对 Ⅲ 的注视频率最高，即 Ⅲ 的视觉鲜明度及被试者感兴趣程度最强，其次为 Ⅰ 与 Ⅱ，而对 Ⅳ、Ⅴ 的注视频率处于中间水平，对 Ⅵ 的注视频率最低。经方差分析可知（表 5-36），$F=25.604$，$p<0.01$，即被试者对六种不同扶手形态办公座椅的注视频率差异非常显著。经多重比较研究发现，被试者对 Ⅰ、Ⅱ、Ⅲ 三种扶手形态的办公

座椅注视频率差异不显著，对Ⅳ与Ⅴ的注视频率差异不显著，对Ⅵ的注视频率显著低于其他类型。

图5-28（b）所示眼动注视时间结果为：Ⅲ>Ⅰ>Ⅱ>Ⅳ>Ⅴ>Ⅵ，即被试者对Ⅲ的注视时间最长，Ⅲ与Ⅱ次之，对Ⅳ、Ⅴ、Ⅵ的注视时间依次缩短。结合注视时间经方差分析发现（表5-37），$F=168.746$，$p<0.01$，即被试者对六种不同扶手形态办公座椅的注视时间长度差异非常显著。图5-28（c）与（d）均直观反映了被试者对相应区域的视觉注意分配情况。

表 5-35　不同扶手形态的办公座椅平均注视眼动数据

AOI	Ⅰ	Ⅱ	Ⅲ	Ⅳ	Ⅴ	Ⅵ
注视频率/（次/s）	4.47（4.50）	4.06（6.42）	4.69（7.63）	3.85（7.72）	3.89（6.00）	2.37（13.28）
注视时间/ms	5301.30*（741.28）	5069.70*（708.45）	5421.24*（721.27）	4643.63*（676.08）	3808.99*（705.73）	3496.95*（321.59）
注视时间比重	19.10%	18.97%	20.40%	17.24%	13.85%	10.43%

注：括号内为标准差。

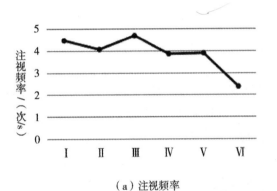

（a）注视频率

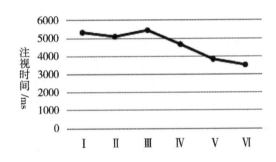

（b）注视时间

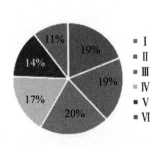

（c）注视时间比重

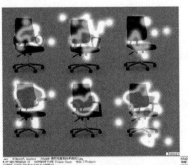

（d）眼动注视热点图与注视点图

图 5-28　不同扶手形态办公座椅的平均眼动数据图

表 5-36　不同扶手形态的办公座椅注视频率方差分析

因变量：注视频率

	平方和	df	均方	F	Sig.
组间	180.476	5	36.095	25.604	0.000**
组内	414.464	294	1.410	—	—
总数	594.940	299	—	—	—

注:** 表示在 0.01 水平下差异显著。

表 5-37　不同扶手形态办公座椅的注视时间方差分析

因变量：注视时间

	平方和	df	均方	F	Sig.
组间	219253061.600	5	43831401.297	168.746	0.000**
组内	76366070.140	294	259748.538	—	—
总数	295619131.740	299	—	—	—

注:** 表示在 0.01 水平下差异显著。

注视时间的长短反映被试者获取信息的努力程度，时间越长，则被视者观察越认真，表示被试者对相应区域兴趣度越高，存在潜在偏爱。由此可知，被试者对Ⅰ、Ⅱ、Ⅲ的信息获取均较为努力，被试者对其存在较高的兴趣或偏好，Ⅳ、Ⅴ次之，Ⅵ的视觉信息获取程度最低，可能为最不吸引被试者的视觉形态。

由以上研究结果可知：

①Ⅲ（一字形）的视觉鲜明程度最强，被试者对其关注程度最高，而Ⅵ形态最不易引起被试者关注。因此，被试者可能对Ⅲ的偏爱程度最高，即Ⅲ的视觉和逸性程度最高，而Ⅵ的潜在和逸性程度最低。

②Ⅰ与Ⅲ获取的视觉关注程度相当，且Ⅱ与Ⅰ、Ⅲ的视觉关注程度的差异性不显著，因此Ⅰ、Ⅱ、Ⅲ三者均存在较高的潜在视觉和逸性，易引起被试者的视觉关注。

③Ⅳ与Ⅴ的注视频率差异不显著，因此被试者对这两种类型的座椅具有相似的兴趣程度，而对Ⅳ的注视时间长于Ⅴ，因此被试者对Ⅳ的潜在偏好高于Ⅴ。

5.3.6.2　主观评价结果与分析

被试者对不同扶手形态的办公座椅主观喜好程度评价结果见表 5-38。

表 5-38　不同扶手形态办公座椅的主观喜好度评价结果

AOI	Ⅰ	Ⅱ	Ⅲ	Ⅳ	Ⅴ	Ⅵ
喜好程度评价	1.78（1.16）	1.50（1.08）	2.20（0.92）	0.80（1.23）	−0.50（1.51）	−1.30（1.49）

注：括号内为标准差。

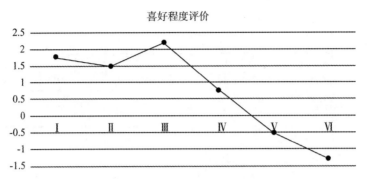

喜好程度评价

图 5-29 不同扶手形态办公座椅的主观评价折线图

表 5-39 不同扶手形态的主观喜好度评价方差分析结果

因变量：喜好度评价

	平方和	df	均方	F	Sig.
组间	466.667	5	93.333	65.024	0.000**
组内	422.000	294	1.435	—	—
总数	888.667	299	—	—	—

注：.** 表示在 0.01 水平下差异显著。

由表 5-38 及图 5-29 可知被试者对办公座椅不同扶手形态的喜好程度为 Ⅲ>Ⅰ>Ⅱ>Ⅳ>Ⅴ>Ⅵ，且经方差分析发现其值差异非常显著（表 5-39），$F=65.024$，$p<0.01$。即 Ⅲ 扶手的受喜好程度显著高于其他各扶手形态，Ⅵ 的受喜好程度显著低于其他形态。此外，就其均值大小可以看出，Ⅰ 与 Ⅱ 差异不显著，其评价均接近为"喜欢"，Ⅳ 的评价值为 0.8（偏向于"一般"到"比较喜欢"），而对 Ⅴ 的评价值为 -0.5（偏向于"比较不喜欢"），Ⅵ 的评价值则更低为 -1.30。

5.3.6.3 结果讨论

结合眼动参数研究结果及主观评价结果，对办公座椅不同扶手形态的视觉和逸性的分析如下。

① Ⅲ、Ⅰ 与 Ⅱ 扶手的视觉鲜明程度较高，易获得被试者的优先关注，具有较强的视觉吸引力；且三者的主观喜好度评价值也处于较高水平，因此认为这三者的视觉形态处于较高和逸性程度。

② 被试者对 Ⅳ 扶手的视觉关注程度及主观喜好评价值均低于 Ⅰ、Ⅱ、Ⅲ 而显著高于 Ⅴ 及 Ⅵ 的座椅形态，因此，Ⅳ 是潜在视觉和逸性程度为一般水平的座椅类型。

③ 被试者对 Ⅴ 及 Ⅵ 类型的座椅兴趣度最低，此两类不能引起被试较高的视觉关注度，且主观喜好度评价指标也处于较低水平，因此，其潜在和逸性程度相对较低，尤其以 Ⅵ（无扶手）的和逸性程度最低。

5.4 办公座椅不同形态要素的视觉和逸性研究小结

本章主要采用眼动实验结合 SD 法主观评价的综合研究手段，以办公座椅不同造型要素的视觉形态为对象。根据前期对办公座椅视觉特性的分析，本章主要选择靠背视觉属性、扶手形态及靠背与座面、靠背与头靠之间的视觉连接关系等办公座椅造型要素进行深入探讨。通过分析眼动 AOI 转移矩阵、首视时刻及时长等指标判断被试者的视觉识别过程，并进一步分析其视觉形态鲜明度及被试者的感兴趣程度；通过观察被试者对各 AOI 的注视频率、注视时间及注视时间比重等相关指标判断对各 AOI 的视觉关注程度，并深层识别被试者的视觉审美偏好。同时结合主观喜好度评价指标，判断被试者对相应造型要素形态的潜在视觉和逸性，为办公座椅的设计提供相应参照。

（1）靠背立面形态的视觉 HEJ 表征

椭圆形立面形态获得注意程度较高，具有较高的潜在视觉和逸性；然而其在主观评价喜好度较高的情况下却具有极低的使用动机评价，说明用户对曲线形态具有较强偏好；"短梯形"及"矩形"的眼动参数及主观评价值均较高，因此其视觉 HEJ 程度较高；"长梯形"的眼动参数及主观评价值处于一般水平，即其视觉 HEJ 程度一般；"正方形"及"倒梯形"的 HEJ 程度处于较低水平。对于"倒梯形"而言，多数被试认为，若能合理考量靠背的上下尺寸比例，其和逸性程度可得到提高。

（2）靠背侧面轮廓形态的视觉 HEJ 表征

被试者认为"S 形"的视觉和逸性程度最高，而认为"直线形"的视觉和逸性最低。同时，"微弧形"与"J 形"的视觉和逸性处于较高或中等状态。办公座椅靠背侧面轮廓形态应尽量避免"直线形"，尽量选择曲线形态（包括 S 形、微弧形与 J 形等）。

（3）靠背填充效果的视觉 HEJ 表征

"网格通透型"获得较高注意程度及主观评价程度，具有较高的潜在视觉 HEJ，"封闭密实型"则相对较弱。

（4）靠背与座面连接关系的视觉 HEJ 表征

"座面与靠背贴近式"的视觉鲜明程度及视觉吸引力较高，且具有最高喜好度评价值，因此，其潜在视觉 HEJ 程度较高；"靠背与座面分离式"的受喜好程度高于"靠背与座面一体式"而低于"座面与靠背贴近式"，具有一般视觉 HEJ 程度；被试者对"靠背与座面一体式"座椅的兴趣度最低，该类型的视觉 HEJ 程度可能处于较低水平。

（5）靠背与头靠关系的视觉 HEJ 表征

"长靠背与头靠贴近式""短靠背与头靠分离式"办公座椅的视觉鲜明程度较高，具有较强的视觉吸引力；且主观喜好度评价值也处于较高水平，因此均处于较高 HEJ 程度；"长靠背与头靠分离式""短靠背与头靠贴近式"的视觉关注程度及主观喜好评价值均低于上述两种类型而显著高于"长靠背无头靠""短靠背无头靠",因此,其潜在视觉 HEJ 程度为一般水平;被试者对无头靠座椅的兴趣度最低,即该类型的潜在 HEJ 程度相对较低。此外,总结发现,长靠背座椅与头靠适于采用贴近式连接方式,而短靠背座椅与头靠适于采用分离式连接方式。

(6)扶手形态的视觉 HEJ 表征

"一字形""T 形"与"倒 L 形"的视觉鲜

明程度及主观喜好度评价值均处于较高水平,因此视觉形态处于较高 HEJ 程度;"三角形"的视觉关注程度及主观喜好评价值处于一般水平,即视觉 HEJ 程度一般。"圆角三角形"及"无扶手"形态不能引起被试者较高的视觉关注度,即其潜在 HEJ 程度相对较低,尤其以"无扶手"最低。

以上研究成果可为基于用户视觉和逸性的办公座椅造型设计提供模型参照。

6

办公座椅整体视觉和逸性特征及其 ERP 验证

研究目的及方案
办公座椅整体视觉和逸性特征挖掘
基于 E-prime 实验的不同和逸性座椅样本组确立
基于 ERP 的不同和逸性样本组差异化验证
本章研究方法与结果

6.1　研究目的及方案

对用户而言，其视觉和逸性感知的信息获取通常源于产品的整体形态。对于企业而言，办公座椅产品开发及设计方案规划通常不止考量单一设计元素或构件，而是使各个设计元素的视觉表征及各元素之间能协调配合。本文前期单因素视觉和逸性研究建立在其他因素同质化的基础之上，是衡量单一差异时产品设计优劣的有效方法。然而其结论具有限制性，不够完整。深入挖掘用户与办公座椅产品整体视觉形态的和逸性构成是本章的关键。

本章从办公座椅整体视觉造型角度出发，根据第 3 章对办公座椅造型要素及其视觉形态的分析结果，以调查的方式引导用户进行办公座椅造型的主观和逸性认知与评价，挖掘不同和逸性程度下办公座椅各造型要素的组合构成与分布，从而将离散的座椅造型设计要素进行集合化处理。同时，根据统计结果筛选出符合不同和逸性特征的办公座椅图片，构建代表性样本组，为办公座椅产品的设计开发提供参照。

此外，为进一步验证调研结果的有效性以及代表性样本组间一致性及组内差异性，本研究借助事件相关电位系统对座椅样本组进行脑认知实验。同时，结合经典视觉诱发脑电 ERP 成分研究成果，深入探讨不同和逸性程度下的被试者对相应座椅的认知差异。图 6-1 所示为本章研究的基本思路及实验方案。

6.2　办公座椅整体视觉和逸性特征挖掘

6.2.1　职员座椅造型要素编码

根据第 3 章对职员座椅图片样本的大量收集与整理，以及对典型样本的解构与分析可知，完整的职员座椅可分解为若干独立的组成构件，即造型要素，主要包括靠背、座面、扶手、头靠、座椅调节装置及椅腿等。每类造型要素通常以多种不同的形态呈现，进而构成了多样的职员座椅造型。为便于开展基于和逸性情感认知的职员座椅模型样本的重构实验，本研究根据前期对代表性样本的造型解构及统计结果，对相应造型要素即设计项目（design items）用字母 A~I 对其进行编码，将每个设计项

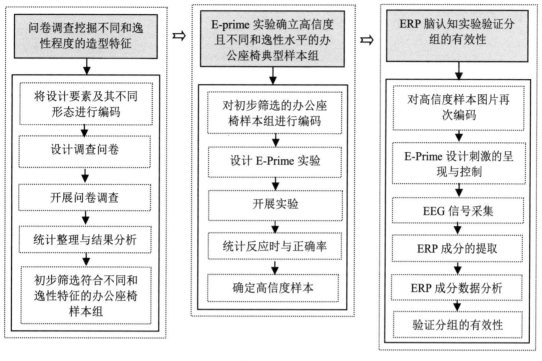

图 6-1　基本研究思路与实验设计

目的不同形态即设计类目（categories）用数字 1、　　要素的编码结果。

2、3……进行辅助编码。表 6-1 为职员座椅造型

表 6-1　职员座椅造型要素编码表

设计项目	类目
（A）靠背立面形状	长矩形（A1）、短矩形（A2）、正方形（A3）、长梯形（A4）、短梯形（A5）、长倒梯形（A6）、短倒梯形（A7）、椭圆形（A8）
（B）靠背侧面轮廓	直线形（B1）、S 形（B2）、J 形（B3）、微弧形（B4）
（C）靠背填充方式	网格通透型（C1）、封闭密实型（C2）
（D）头靠与靠背关系	相连或相接（D1）、独立（D2）、无（D3）
（E）座面形状	矩形（E1）、马蹄形（E2）、椭圆形（E3）
（F）座面与靠背的关系	一体式（F1）、贴近式（F2）、分离式（F3）
（G）扶手	T 形（G1）、倒 L 形（G2）、一字形（G3）、三角形（G4）、圆角三角形（G5）、无（G6）
（H）座椅调节装置	简易型（H1）、复杂型（H2）
（I）椅脚	五爪贴地（I1）、五爪抓地（I2）、五爪直立（I3）

注：靠背侧面轮廓为座椅左视图轮廓形态。

6.2.2　问卷调查

6.2.2.1　被试者选择

　　调查选择多个领域的人员组成被试群体，以保证结果的普适性和高信度。共选取被试者 100 名，其中 30 名为具有家具设计相关知识背景的在校学生，30 名普通办公室职员，20 名办公家具卖场营销人员，另外邀请 20 名专业办公家具设计师及专业教师。男女人数各半，年龄 21~32 岁，平均年龄 25.6 岁。

6.2.2.2　问卷设计

　　①因被试群体涉及多个领域，为使其更精确地理解职员座椅造型和逸性，本问卷将"和逸性"一词用"偏爱"代替，使得被试者从符合个人审美与喜好的角度思考，进而完成问卷。

　　②问卷调查设计的目的是要求被试者以一名办公室职员的身份，结合自身对职员座椅的喜好，构想符合个人不同偏爱程度（高、中、低）的办公座椅设计方案，并将各设计方案的造型元素在编码表中选出，重新组合成符合被试者个人设想的职员座椅。

　　③问卷中的每一个项目都必须勾选，且尽量每个项目中每一类目只选择一次，如有其他设想，可在备注中详细列出。

　　④调查所用问卷表格结合心理学及人机工学原理进行设计。因本研究的调查项目包含的外部设计形态细分后的信息量较多，被试群体相对较大，且个体对家具设计专业认知存在某种程度的差异性，因此根据前期调查经验优化了问卷的设计。统计并编码的造型要素细分为 9 个设计项目，因编码表中对于各设计项目对应的类目存在较多的设计专业术

语或相关细节形态的模糊化描述，本研究将问卷中的这部分内容配置相应的图形示例供被试者选择，建立起一个较为直观的职员座椅造型要素图集，使得被试者能准确识别自己偏爱的造型要素，并准确识别出最符合自身感性意向的设计要素组合。调查问卷形式见附录四。

6.2.2.3　开展问卷调查

（1）诠释问卷注意事项

　　在对被试者开展调查之前需进行简短的讲解，告知被试者需对 9 个造型设计项目从座椅产品的整体造型考虑，而后进行各个设计项目内不同类目的选择，并保证每位被试者的选择结果可生成完整且符合自身不同审美偏好程度的职员座椅类型。

（2）关注被试者的配合度

　　问卷调查实验研究的结果准确与否在很大程度上取决于所选被试者的主观配合度。在前期预实验的开展过程中发现，被试者的参与程度不同，相应的感性意向选择结果存在较大的不准确性，虽然结果可通过信度检验判断样本集的有效性，但该方式可能会对数据引入新的误差。因此，需从初级阶段开始把握被试者开展问卷调查的专注度与配合度，尽量采取严格标准保证问卷的有效性，排除不良数据的影响。

6.2.3　结果统计与整理

6.2.3.1　问卷筛选

　　本次问卷调查共发放问卷 100 份，初步回收

的基本有效问卷 100 份。其中有部分被试者的问卷未完全按照前期实验要求填写：部分项目没有勾选；对各个项目的勾选明显不合理；也有部分被试者的勾选项目分布过于规律化。诸如此类问卷均判为无效。最终确定有效问卷 87 份，并以此作为进一步统计的数据样本集。

6.2.3.2 统计整理

整理 87 份有效问卷，统计被试者偏爱程度高、一般（中度偏爱）及偏爱程度低的职员座椅造型要素的选择情况，结果见表 6-2。

表 6-2 不同和逸性程度下的办公座椅造型要素调查选择结果

偏爱程度（和逸性程度）	设计项目	类目	勾选次数		
			高	中	低
高/中/低	（A）靠背立面形状	长矩形（A1）	69	5	13
		短矩形（A2）	11	24	54
		正方形（A3）	7	17	63
		长梯形（A4）	72	8	7
		短梯形（A5）	45	33	9
		长倒梯形（A6）	52	27	8
		短倒梯形（A7）	54	24	9
		椭圆形（A8）	5	9	73
	（B）靠背侧面轮廓	直线形（B1）	0	0	224
		S 形（B2）	141	26	7
		J 形（B3）	97	81	11
		微弧形（B4）	32	74	5
	（C）靠背填充效果	网格通透型（C1）	147	98	73
		封闭密实型（C2）	123	83	174
	（D）头靠与靠背关系	相连或相接（D1）	114	27	39
		独立（D2）	101	15	26
		无（D3）	45	139	182
	（E）座面形状	矩形（E1）	117	87	114
		马蹄形（E2）	138	43	23
		椭圆形（E3）	5	51	109
	（F）靠背与座面的关系	一体式（F1）	23	77	39
		贴近式（F2）	113	65	46
		分离式（F3）	124	39	162
	（G）扶手	T 形（G1）	97	53	35
		倒 L 形（G2）	62	33	7
		一字形（G3）	46	38	11
		三角形（G4）	42	9	5
		圆角三角形（G5）	13	31	31
		无（G6）	0	17	158

偏爱程度（和逸性程度）	设计项目	类目	勾选次数		
			高	中	低
高/中/低	（H）座椅调节装置	简易型（H1）	162	89	182
		复杂型（H2）	119	91	65
	（I）椅脚	五爪贴地（I1）	88	67	83
		五爪抓地（I2）	92	58	92
		五爪直立（I3）	45	56	72

因要求被试者从整体角度选择各个项目及其类目，其勾选结果基本均可组成完整的职员座椅。结合第4~5章对被试者关注职员座椅的视觉规律研究及对座椅单因素构件的和逸性研究结果，将问卷调查实验结果进一步统计分析如下。

（1）"高偏爱度（高和逸性程度）"问卷结果特征

82.76%的被试者认为偏爱度高的职员座椅为长梯形靠背（A4），且有79.31%的被试者认为长矩形（A1）靠背也是偏爱度高的座椅形态。二者均配以S形（B2）或J形（B3）侧面轮廓、网格通透型（C1）填充、相连或相接（D1）的头靠。对于座面形状除椭圆形（E3）外，其他选项勾选次数的差异不显著。同时大部分被试者认为座面与靠背的关系尽量不要一体化（F1），且均认为扶手是偏爱度高的座椅较为重要的构件，并有多数被试者认为T形（G1）扶手的造型形态较好。倒L形（G2）、一字形（G3）、三角形（G4）扶手也被认为是较好的设计选择。对于座椅调节装置的选择差异性不明显，但就勾选次数而言，简易型（H1）被较多选择。对于椅脚（I）构件，三种类型的选择差异性极小，可忽略不计。

此外，对于短梯形（A5）靠背形态在高偏爱度选择中也有51.72%的被试者给予肯定，并搭配

（B4）微弧形侧面轮廓；也有59.77%的被试者对长倒梯形（A6）给予肯定。且对于与其组合搭配的其他构件的选择特征均与上述A1和A4的搭配选择基本一致。

高和逸性程度的办公座椅整体造型特征分布情况归纳如图6-2所示。

（2）"中度偏爱（中和逸性程度）"问卷结果特征

从统计数据情况来看，中度偏爱的座椅造型在被试者潜在感性认知中可能较为模糊，没有非常凸显的设计项目选择差异。其中37.93%的被试者勾选了短倒梯形（A7）搭配J形（B3）或微弧型（B4）侧面轮廓、网格通透型（C1）或封闭密实型（C2）填充（二者的选择差异性不显著）、无头靠（D3）造型，与高偏爱度座椅类似，座面形状除椭圆形（E3）外，其他选项勾选次数的差异不显著。同时座面与靠背的关系处于一体化（F1）状态时，被试者认为其视觉效果一般，且同样认为中度偏爱的座椅也应具有扶手（G）构件，并认为T形（G1）扶手的造型形态与前面所选造型的搭配可能符合中度偏爱造型特征，对于倒L形（G2）、一字形（G3）和圆角三角形（G5）也具有类似的搭配。对于座椅调节装置（H）以及椅脚（I）的选择差异性不明显，且勾选情况与高偏爱度座椅一致。

办公座椅形态要素的视觉和逸性研究

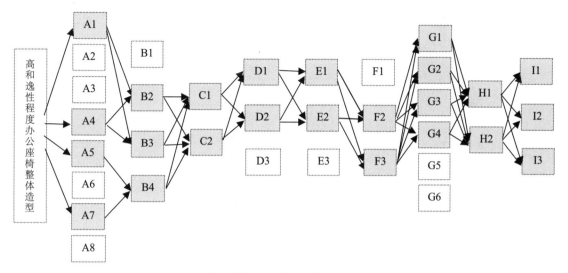

图 6-2 高和逸性程度的办公座椅整体造型特征分布

此外，有 37.93% 的被试者认为短梯形（A5）靠背形态结合上述其他造型元素的组合搭配结果与其设想的中度偏爱造型相符；另有 31.03% 及 27.59% 的被试者分别对长倒梯形（A6）及短矩形（A2）靠背与其他元素的组合形态中度偏爱。

其中不同的是，长倒梯形（A6）靠背与座面一体化（F1）且搭配圆形三角扶手（G5）或无扶手（G6）时的整体造型感觉一般。

中和逸性程度办公座椅整体造型特征分布情况可归纳为图 6-3 所示。

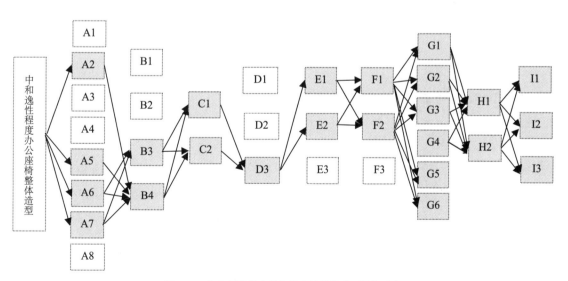

图 6-3 中和逸性程度的办公座椅整体造型特征分布

（3）"低偏爱度（低和逸性程度）"问卷结果特征

83.91% 的被试者认为偏爱度低的职员座椅为椭圆形靠背（A8），且有 72.41% 及 62.07% 的被试者分别对正方形（A3）及短矩形（A2）靠背有低偏爱度感性认知。且三者基本配以直线形（B1）与微弧形（B4）侧面轮廓、封闭密实型（C2）填充、无头靠（D3）、无扶手（G6）。座面形状中

矩形（E1）和椭圆形（E3）被选择较多。同时大部分被试者认为座面与靠背分离（F3）的形态进行搭配的审美效果较差，对于座椅调节装置的选择差异性不明显，但就勾选次数而言，简易型（H1）被选择较多。对于椅脚（I）构件，三种类型的选择差异性同样极小。此外，有 10.34% 的被试者认为短倒梯形（A7）靠背形态搭配上述其他设计要素时也具有偏爱度低的特征。其整体造型特征分布情况归纳如图 6-4 所示。

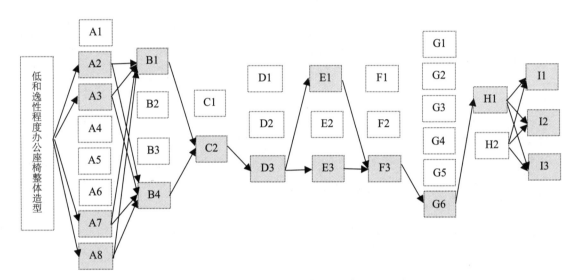

图 6-4　低和逸性程度的办公座椅整体造型特征分布

6.2.4 职员座椅样本组初期筛选与模型重构

结合统计结果特征，剔除明显不合理的搭配组合，如矩形靠背（A1 或 A2）搭配椭圆形座面（E3），这种视觉造型的不协调感几乎不会出现于座椅市场。进而对统计结果做减法处理，整理各造型要素的搭配与分布。

根据最终统计结果分别整理"高偏爱度""中

度偏爱"及"低偏爱度"的职员座椅造型要素组合类目，将相似程度较高的座椅样本合并处理，而后于前期样本素材库中筛选相应座椅样本，每一种偏爱程度（和逸性程度）的座椅筛选 15 张左右的样本图片。

对于样本库中没有的素材图片，本研究根据各造型要素及其组合特征，应用 3Dmax 自行建模处理，并同样将图中座椅统一材质，以 35% 灰度为背景色，选择 45° 视角进行渲染，得到新的座椅

样本图片，以完善素材库。最终得到不同和逸性特 　　　五5.1。
征的座椅样本，如表6-3所示，完整素材见附录

表 6-3　基于不同和逸性感性认知的代表性座椅样本组模型

偏爱程度 （和逸性）	样本1	样本2	样本3	样本4	样本5	……	样本15
高						……	
中						……	
低						……	

6.3　基于 E-prime 实验的不同和逸性座椅样本组确立

　　问卷调查结果筛选或制作的不同偏好程度的职员座椅样本素材是依据被试者基础感性认知而做出的和逸性评价结果，这可从一定程度上反映被试者对不同造型职员座椅的心理认知。然而问卷调查通

常会受被试者心理状态的影响而产生误差，或在结果统计与分析的过程中引入其他误差，因此需对结果进行进一步筛选，以保证不同和逸性程度下的职员座椅样本的典型性。

本研究采用心理学常用的行为实验研究方法，借助 E-prime2.0 软件设计实验，收集被试者在观看不同和逸性程度下的座椅样本时的反应时（RT time）和正确率（ACC）。在认真开展实验的前提下，被试者反应时间越短，表示对相关内容的认可度越高，反之，则对呈现的内容存在疑虑，因此可将其更改或剔除。正确率是被试者对相关内容的行为反应与实验设计中预设反应的一致程度，正确率越高，表示实验预设内容的实际接受程度越高，反之，则实验预设内容可认为不成立，同样应给予适当更改或剔除。

6.3.1　研究方法与过程

6.3.1.1　被试群体

与前期实验的被试群体选择标准一致，但本研究均在被试间进行实验，所选被试者均未参加过任何与本研究相关的实验。

选择多个领域的人员 60 名组成被试群体，其中 20 名为具有家具设计相关知识背景的在校学生，20 名普通办公室职员，10 名办公家具卖场营销人员，另外邀请 10 名专业办公家具设计师及专业教师。男女人数各半，年龄 23~35 岁，平均年龄27.2 岁。

6.3.1.2　实验环境与设备

本实验在河南大学行为与认知心理学行为实验室完成。整体室内环境安静、隔音遮光，温度（25±1）℃，湿度适中，以避免被试者在实验过程中出现焦躁、出汗、寒战的情况。

实验设备为安装有 E-prime2.0 软件的计算机设备，显示器屏幕为 19 英寸大小，分辨率为1440 dpi×900 dpi，刷新频率为 60 Hz。

6.3.1.3　实验设计与呈现

实验采用心理学 Go-No Go 实验范式的变式进行目标实验设计[137]。

①将问卷调查结果确定的不同和逸性程度的三组座椅图片素材进行命名和编码（code），"高和逸性程度"图片按照先前顺序直接以数字 1~15进行命名，并将该15张图片的 code 设置为1；"中和逸性程度"图片以数字 16~30 进行命名，并将其 code 设置为 2；同理，"低和逸性程度"图片以 31~45 进行命名，并设置 code 为 3。

②在 E-prime2.0 编程界面建立 List，添加已命名和编码的刺激素材图片，每个刺激图片重复呈现 4 次，即每类和逸性程度的图片重复呈现 60 次，三类和逸性程度水平共有 180 个图片刺激，即实验中包含 180 个 Trials。

③本实验中每个刺激图片设置为随机、无规律呈现，且呈现时间由被试者自主控制，即编程中设置按键反应。按键反应按以下规则执行：若被试者将图片判断为"和逸性程度较高"则按键盘数字 1，判断为"和逸性程度中等"按数字 2，判断为"和逸性程度较低"则按 3。为保证被试者较清晰地理解实验内容，实验中对和逸性程度的高、中、低以较易理解的"喜欢""一般"与"不喜欢"三个词语替代。

④被试者按键后，计算机会进入空白屏（500 ms），而后屏幕出现"+"注视点（500 ms），用以提醒被试者将注意力集中于屏幕中央，随后则出现下一张图片。各刺激图片由 19 英寸屏幕、分辨率 1440 dpi×900 dpi 的电脑屏幕随机呈现，流程如图 6-5 所示。

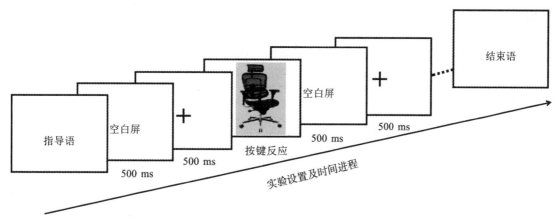

图 6-5　E-prime 实验流程

⑤在整体程序结束之后，勾选目标记录按钮，包括 RT time、CRESP（正确反应键）以及 ACC，用于后期统计反应时和正确率。

实验过程中设置两次休息，以免被试者感到疲劳。整个数据采集过程持续 15~20 min。

⑥按照上述实验计划设计练习实验，练习实验程序与正式实验流程一致，实验素材换成与本研究无关联的 10 张风景图片。主要用于使被试者熟悉整个实验的操作流程，不做任何记录和分析。

6.3.1.4　实验过程

①被试者进入实验室，打开实验程序后，主试者向被试者解释指导语，大致内容如下："下面将呈现一些职员办公座椅图片，其品牌、功能、价格与品质等均一致，请根据个人审美偏好进行判断，如果您喜欢该座椅，请按键盘上的数字 1，

感觉座椅一般，请按键盘上的数字 2，如果您不喜欢相应座椅，请按键盘上的数字 3，请尽快而认真地做出判断。实验过程中有休息时间，请根据自身情况进行休息，休息结束请按键盘任意键继续实验。"

②被试者理解指导语后进行练习实验。确认被试者熟悉整个流程后开始正式实验。

6.3.1.5　数据提取

逐一导出 60 名被试者行为实验的 RT time、RESP（反应按键）及 CRESP。E-prime2.0 软件默认输出 .txt 文件，为做进一步统计与分析，将其用 Excel 软件打开，为进一步整理做准备。

6.3.2　结果统计与分析

观察发现，E-prime 行为实验的 60 名被试

者数据中，有 2 名被试者因设备问题数据记录不完整，另有 4 名被试者的 RESP（反应按键）规律性太强（70% 以上的刺激图片选择了同一个数字）。为防止该 6 名被试者的数据影响整体，在后期统计与整理过程中将其剔除，保留 54 名被试者数据进行后期深入分析。

6.3.2.1 正确率（ACC）统计结果与分析

54 名被试者对三组和逸性程度职员座椅的 E-prime 实验的正确按键次数（CRESP）与正确率结果见表 6-4。

表 6-4 正确次数（CRESP）统计与正确率（ACC）

和逸性程度	图片名称	CRESP次数	ACC	和逸性程度	图片名称	CRESP次数	ACC	和逸性程度	图片名称	CRESP次数	ACC
高	1	185	85.65%	中	16	209	96.76%	低	31	175	81.02%
	2	192	88.89%		17	183	84.72%		32	212	98.15%
	3	203	93.98%		18	197	91.20%		33	198	91.67%
	4	211	97.69%		19	204	94.44%		34	167	77.31%
	5	208	96.30%		20	51	23.61%		35	209	96.76%
	6	194	89.81%		21	78	36.11%		36	215	99.54%
	7	98	45.37%		22	85	39.35%		37	189	87.50%
	8	81	37.50%		23	186	86.11%		38	201	93.06%
	9	73	33.80%		24	172	79.63%		39	54	25.00%
	10	182	84.26%		25	182	84.26%		40	176	81.48%
	11	42	19.44%		26	193	89.35%		41	199	92.13%
	12	91	42.13%		27	159	73.61%		42	38	17.59%
	13	179.00	83 %		28	188	87.04%		43	67	31.02%
	14	178	82.41%		29	206	95.37%		44	181	83.80%
	15	216	98.61%		30	168	77.78%		45	210	97.22%

认知心理学研究认为，对相关刺激准确性的研究与判断需保证行为实验数据的正确率维持在 80% 以上方具有较高的可信度。就本实验研究结果分析如下。

①被试者对"高偏爱度"的 1~15 号座椅的行为实验中除 7、8、9、11 及 12 号座椅以外，其他座椅的正确率判断均达到了 80% 以上，因此认为这十把职员座椅造型符合前期研究中对高和逸性程度座椅感性认知的判断；而对于正确率在 80% 以下的五把座椅而言，其高和逸性程度有待考量。

②被试者对"中度偏爱"的 16~30 号座椅的认知行为实验中，20、21 及 22 号座椅的正确率低于 80%，其中度和逸性特征不显著；而 30 号、27 号及 24 号分别以 77.78%、73.61% 和 79.63% 的正确率处于边缘合格状态，认为其具有中度和逸性特征；而对于其他高于 80% 正确率的职员座椅而言，本研究认为其具有显著中度和逸性特征。

③被试者对"低度偏爱"的 31~45 号座椅的认知行为实验中，39、42 及 43 号座椅的正确率低于 80%，其低度和逸性特征不显著；而 34 号座椅以 77.31% 的正确率处于边缘合格状态，即认为其具有低度和逸性特征；而对于其他高于 80% 正确率的职员座椅而言，本研究认为其具有显著低度和逸性。

④此外，统计结果发现，被试者对"高偏爱度"座椅的否定评定基本是将其纳入"中度偏爱"座椅组，即认为其高和逸性特征不显著，仅具有一般审美效果；被试者对"中度偏爱"座椅的否定评定多数是将其判定为"低度偏爱"，即被试者认为其造型不符合审美需求；而对于"低偏爱度"座椅的否定判断多将其评定为"中度偏爱"，即被试者认为其造型审美效果一般。由此可见，"中度偏爱"这种一般审美效果易被选择，且此类评定差异导致座椅视觉造型的审美模糊，难以形成清晰的和逸性认知，因此需有针对性地将该类座椅剔除。

6.3.2.2 反应时统计结果与分析

被试者评定三组和逸性程度职员座椅的反应时，统计结果见表 6-5。

表 6-5 被试评定不同和逸性程度职员座椅的反应时（RT time）

和逸性程度	图片名称	RT time/ms	和逸性程度	图片名称	RT time/ms	和逸性程度	图片名称	RT time/ms
高	1	1050.76（211.89）	中	16	2487.21（359.11）	低	31	951.07（399.85）
	2	971.42（389.26）		17	2503.45（377.04）		32	1286.22（339.59）
	3	1109.03（226.03）		18	2029.09（441.71）		33	920.53（383.30）
	4	938.32（308.82）		19	2376.23（333.91）		34	1664.76（343.05）
	5	874.56（200.44）		20	3315.91（446.18）		35	969.36（374.71）
	6	1107.73（432.23）		21	3035.56（381.68）		36	741.75（263.19）
	7	2333.26（246.68）		22	2763.65（369.19）		37	888.91（308.52）
	8	2548.97（459.07）		23	2194.32（382.55）		38	874.05（284.99）
	9	2758.09（345.69）		24	2262.51（409.79）		39	2751.42（262.63）
	10	1243.43（269.37）		25	2064.08（385.17）		40	1190.35（288.62）
	11	2802.22（313.86）		26	2364.76（346.30）		41	1536.76（285.72）
	12	2551.51（310.82）		27	2592.64（454.78）		42	2543.87（282.36）
	13	1377.12（521.52）		28	1945.18（393.81）		43	2730.12（208.58）
	14	1335.33（392.45）		29	1956.72（453.31）		44	754.84（293.68）
	15	951.65（368.14）		30	2587.24（339.49）		45	765.01（347.08）
总平均		1596.89（753.16）	总平均		2407.90（405.27）	总平均		1237.93（618.13）

注：括号内为标准差。

反应时是被试者在做评定过程的认知加工时间。认知心理学相关研究认为，反应时越长，表示认知对象与预设对象相符程度不高；相反，反应时越短，表示认知对象的特征形态较为显著。因此，结合表6-5被试者对不同和逸性状态下职员座椅的评定反应时，可做如下分析。

①被试者对"高偏爱度"组的1~15号座椅RT time平均值为1596.89 ms，即被试者在1.5 s左右即完成了对相关职员座椅的评价与判断。2、4、5及15号职员座椅的认知加工时间不足1 s，即被试者相对较快地完成了对相应座椅的认知与判断，因此认为该四把座椅的高和逸性程度特征较为显著，符合被试者审美偏爱的程度较高；而对7、8、9、11及12号座椅的平均认知时间均在2.5 s左右，即被试者对相应座椅的认知及评定时间较长，因此，其高和逸性程度造型特征不显著，与被试者心理感性认知相符程度不高；其他六把座椅的认知时间在1~1.5 s之间，认为基本符合"高度偏爱"造型特征，属于高和逸性程度范畴。

②被试者对"中度偏爱"组的16~30号座椅RT time平均值为2407.90 ms。与上组反应时均值对比发现，被试者对该组座椅的整体认知加工与评定时间较长，可能因为"一般偏爱"本身就是一个较为模糊的概念，被试者需使用较长时间完成对相关信息的获取和加工。在该组座椅中，不存在显著较短的RT time，然而却存在显著较长的时间值，如20与21号座椅，被试者对其反应时已超出3 s，说明二者造型特征模糊程度较高，可能不符合中度和逸性程度的造型要求。

③被试对"低偏爱度"组的31~45号座椅RT time平均值为1237.93 ms，即被试者在1.2 s左右即完成了对相关职员座椅的评价与判断，显著短于对"中度偏爱"组与"高度偏爱"组的时间值，由此可见，被试者对不符合其审美特质的职员座

椅认知加工及评定更快。31、33、35、36、37、38、44、45号职员座椅的认知加工时间不足1 s，即被试者以相对较快地完成了对相应座椅的认知与判断，因此认为该八把座椅的低和逸性程度特征较为显著，其视觉造型均不符合被试者审美；而被试者对39、42及43号座椅的反应时均在2~2.5 s，相对而言是较长的认知加工时间，因此认为该三把座椅的"低审美"特征不显著，应将其剔出低和逸性程度组。对剩余几把座椅的反应时与均值差异不显著，认为其基本符合低和逸性程度的造型特征。

6.3.3　结果讨论与样本组确立

结合前期对E-prime行为实验结果的整理与分析，本研究可将前期问卷调查获得的高、中、低三组和逸性程度的职员座椅样本图片做出更精确的调整。

①对于"高偏爱度"组，因7、8、9、11及12号座椅在行为实验当中的正确率及反应时均不符合标准，即该五把座椅的高和逸性程度特征不显著，因此将其剔除，最终留下10张座椅图片。

②"中度偏爱"组中20、21及22号座椅在行为实验当中的正确率低于80%，虽22号座椅的反应时并不太长，然而为保证组内座椅较高程度地符合中和逸性特征，本研究决定将这三张座椅图片剔除。

③"低度偏爱"组中39、42及43号座椅在行为实验当中的正确率低于80%，且反应时显著长于其他座椅，因此认为其低和逸性程度特征不显著，故将其剔除。

④为保证样本素材数量的一致性，本研究决定

将中和逸性程度与低和逸性程度剩余的12张座椅图片再剔除2张，保证每组剩余10张图片。结合图片中各座椅造型及其 E-prime 实验结果，对于中和逸性程度组而言，27 号与 30 号座椅的正确率处于边缘标准，且反应时与其他座椅相比较长；此外，27 号座椅与 8 号座椅外观造型较相似，30 号与 4 号座椅较相似，因此本研究认为可将二者在中和逸性程度组剔除。对于低和逸性程度组而言，34 号与 41 号座椅的行为实验正确率结果均在 80% 左右，基本符合标准，且反应时也处于中间水平，然而二者外观造型均与 31 号座椅相似，因此本研究将其在低和逸性程度组中剔除。

经以上研究与分析确立高度符合被试者感性与心理需求的高、中、低和逸性程度的三组座椅图片 30 张，每组 10 张（详见附录五 5.2）。

6.4　基于 ERP 的不同和逸性样本组差异化验证

前期研究确立了高度符合高、中、低和逸性特征的职员座椅图片样本组。然而在 E-prime 实验结果中发现，被试者评定结果中没有 100% 的正确率出现，如被试者对"高度偏爱"组的部分座椅评定为中或低度偏爱，而对"中度偏爱"组的部分座椅评定为高或低度偏爱等，即三者之间存在审美的模糊性特征。因此需对确立的三组样本进行整体的差异化检验，并从宏观角度观察三组样本对被试者的感性情绪差异影响是否具有显著性。

前文理论已明确指出，和逸性认知评价及情感体验均是客观刺激作用于人的大脑之后，由大脑皮层与皮层下神经协同作用的结果。大脑支配人的思维并控制人的情绪及其他神经功能。因此，若想深层挖掘用户对不同和逸性程度的座椅产品体验及心理反馈，需密切结合以脑活动为基础的神经生理信息。事件相关电位是一种有效地反映人类大脑高级思维活动的客观测量方法，可及时捕捉大脑实时变化，并真实客观地映射人脑对给予特定刺激进行信息加工（如注意加工与记忆、思维等）时的认知特征，因此，近年来 ERP 在认知研究领域得到广泛运用，尤其是在有关心理评价等活动过程中诱发情绪及注意研究领域成为重要的辅助测量工具。

本研究借助 ERP 技术，通过实验测量手段获取相关 ERP 成分指标，从本质上探索用户在认知过程中的神经生理表征，进而验证不同和逸性程度座椅样本组之间的差异性。

6.4.1　研究方法与过程

6.4.1.1　被试群体

选取被试人员 24 名（12 名男生，12 名女生），年龄 22~28 岁（平均为 24.7 岁）。所选被试者均为右利手，且视力或者矫正视力处于正常范围，无精神疾病或脑部疾病史。同时要求被试者实验前保证充足睡眠；尽量避免接触烟、酒、茶饮及咖啡等任何能引起中枢神经兴奋或抑制的食物或药物；于实验前 3 h 内避免剧烈运动。相关实验结束后赋予被试者一定报酬。

6.4.1.2　实验设备

本研究实验设备由两套系统组成，并分为主试端设备与被试端设备。主试端设备由两台计算机组成：一台是采用德国 Brain Product 公司生产的事件相关电位系统（EEG/ERPs），使用 Recorder2.0 软件进行持续脑电记录，完成实时脑电的数据采集工作。另一台是装有 E-prime2.0 软件的计算机设备，用于刺激素材的呈现与相应时间的控制，显示器屏幕为 19 英寸大小，分辨率为 1440 dpi×900 dpi，刷新频率为 60 Hz。

被试端设备由一台计算机和两部 ERP 放大器组成，计算机与主试端设备大小型号及各项性能一致。放大器连接 BrainCap64 导联电极帽，需注意两部放大器与电极帽尾端两端口的对应连接。此外，两部放大器与主试端和被试端三台计算机设备同时连接，以完成信号的收集记录工作。

图 6-6 是本实验各设备之间连接与信号记录的原理图。

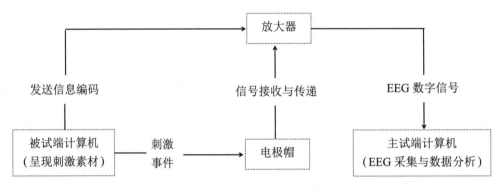

图 6-6　事件相关电位（ERP）记录原理

此外，ERP 记录系统有以下内容需说明。

（1）头部电极定位

ERP 脑电记录系统是根据国际临床神经生理协会（International Federation Clinical Neurophysiology）于 20 世纪 50 年代后期所制定的 10-20（即头皮电极点之间位置的相对距离为 10% 与 20%）国际脑电记录系统安置电极[138-139]。本实验采用的是 Brain EasyCap64 导联电极帽，所有电极同步参与记录被试者观察刺激图片时的脑电反应，记录电极设置与排列如图 6-7 所示。

电极放置规则如下。

首先，每个电极名称开头用 1~2 个字母表示较大电极区域，如 Fp 为额极（frontal pole）；F 表示额区（frontal）；C 表示中央区（central）；P 表示顶区（parietal）；O 表示枕区（occipital）；T 表示颞区（temporal）。

其次，为区分电极在人体大脑左右半球的位置情况，电极名称后通常用一个数字或字母代表与中心位置的距离，且大脑左半球电极的数字使用奇数，

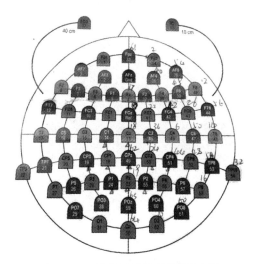

图 6-7 64 导联电极帽电极位置分布图

而右半球电极数字编码为偶数。大脑中线位置使用字母 z（zero）代替数字 0，以避免与字母 O 混淆。电极位置越接近中线，其数字越小，越靠外侧，其数字越大。

再次，TP9、TP10 代表左右两侧耳后乳突，在进行数据处理时作为参考电极使用。

（2）两条标准线[140]

头部前后的矢状线，指从前鼻根至头后部枕外隆凸之间的连线，又称为中线。在中线位置的电极点由前至后依次设置为：Fpz（额极中点）→ Fz（额区中点）→ Cz（中央点）→ Pz（顶区中点）→ Oz（枕区中点）。

头部左右的冠状线，指从左耳前点（人体耳屏前颧弓根凹陷部位）经中央点（Cz）至右耳前点的连线。在冠状线左右两侧对称排列的部分电极有：T3（左颞区）与 T4（右颞区），以及 C3（左中央）与 C4（右中央）。

（3）其他电极排列

严格按照国际 10-20 相对距离原则安排其他记录电极，如左、右额极电极分别为 Fp1、Fp2；左、右前颞分别为 F7 与 F8；左、右后颞分别为 T5 与 T6；还有枕区 O1 与 O2；左、右额区的 F3 与 F4，以及左、右顶区的 P3 与 P4。

此外，接地电极 GND 设置在前额叶与额区中点连线的中央处（AFz），并分别设置右眼外侧为水平眼电（HEOG），左眼上部设置垂直眼电（VEOG）。

6.4.1.3 实验环境

本实验在河南大学认知与行为实验室中的专业 ERP 实验室（图 6-8）开展。

实验室分为 ERP 实验准备室和脑电记录室，其中准备室内有毛巾、吹风机、风扇、冰箱等物件，干净、整洁。脑电记录室分为主试间和被试间，两个房间由隔音墙分开。整体室内环境安静、隔音、遮光，温度（25±1）℃，湿度适中，以避免被试者在实验过程中出现焦躁、出汗、寒战的情况，尽量减少外界声、光、电对被试者脑电信号及心理状态的影响。

6.4.1.4 实验设计及刺激材料呈现与控制

（1）实验设计

实验设计为 3（和逸性程度高、中、低水平）×2（男、女），刺激素材为上一节构建出的不同和逸性程度的高信度样本组图片，每一类刺激素材的图片各 10 张。清晰度欠佳的图片已采用 3Dmax 重新制作模型，且选取座椅模型的 45°

a.入口　　　　　b.准备室　　　　　c.主试间　　　　　d.被试间

图 6-8 ERP 实验室内景及环境

视角并采用 35% 灰色为背景进行渲染，图片大小处理为 1440 dpi × 900 dpi。

此外，选择 6 张与本实验无关的座椅图片作为练习实验的刺激素材。

（2）刺激材料的呈现与控制

采用 E-prime2.0 进行实验编程，将每个刺激图片重复呈现 6 次，即每类和逸性程度的图片重复呈现 60 次，三类和逸性程度共 180 个图片刺激，即实验中包含 180 个 Trials，保证了后期处理与分析 ERP 成分时有足够叠加次数。实验中每张刺激图片的呈现时间由被试者自主控制，即编程中

设置按键反应，若被试者判断其为"和逸性程度高"则按键盘数字 1，判断其为"和逸性程度中等"按数字 2，判断其为"和逸性程度较低"则按 3。为保证被试者较清晰地理解实验内容，实验中对和逸性程度的高、中、低以较易理解的"喜欢""一般"与"不喜欢"三个词语替代。按键反应过后，计算机会进入空白屏（500ms），用以清除被试者对前一图片的思考，而后屏幕出现"+"注视点（500 ms），用以提醒被试者将注意力集中于屏幕中央，随后则出现下一张图片。各刺激图片由 19 英寸、分辨率 1440 dpi × 900 dpi 的电脑屏幕随机呈现（图 6-9）。

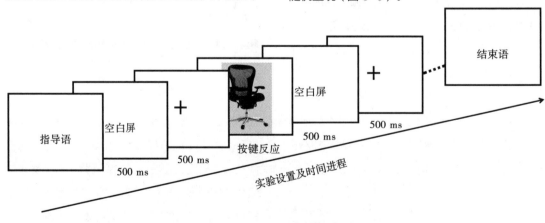

图 6-9 E-prime 大致实验流程

实验过程中设置有两次休息，以避免被试者产生疲劳。ERP 数据采集过程约持续 20 min。

此外，在 E-prime 编程中需对刺激图片设置 Mark 标记（设置 code），本实验将"和逸性程度高"的刺激图片 code 设为 1，"和逸性程度中等"的 code 设为 2，"和逸性程度低"的 code 设为 3，并编写 EB 语句，将同步的 Mark 发送到主试端记录被试者脑电的计算机系统，以保证刺激呈现时间的精确性以及与脑电记录设备的同步性。刺激呈现完毕，记录程序随之结束，且主试端电脑会自动记录保存被试者观察各刺激图片的实时脑电波数据，以便后期对所记录的脑电波进行离线分析。

6.4.1.5　实验过程

①被试者在专用 ERP 洗头室洗头（也可自行洗完头参与实验），以降低头皮电阻，并于 ERP 准备室将头发吹干。

②主试者带领被试者进入 ERP 实验室被试间，带上 Brain EasyCap64 导联电极帽，主试者连接电极帽与放大器，注意并检查电极帽两尾端口与两部放大器的对应连接。

③主试在电极孔处注射导电膏（图 6-10），将被试者头皮电阻降到 20 kΩ 以下（最好 10 kΩ 以下），接地电极（GND）与电极帽参考电极（Ref）的电阻需降到 10 kΩ 以下。需注意的是在注射之前应告知被试者导电膏的无损伤及易清洗性能，且导电膏仅注射在电极帽与头皮之间，并不会进入皮肤，不会损害人体健康，进而安抚被试者的不安心理。

④头皮电阻达到要求以后，在被试者左眼垂直上部及右眼水平外侧擦拭酒精，以去除皮肤杂质并降低电阻，而后分别贴上涂了导电膏的垂直眼电和水平眼电。

⑤整体观察各电极点的接触情况，若基本符合实验要求（计算机屏幕显示各电极点接近绿色，且波形基本平稳无大幅度跳动，如图 6-11 所示）则可准备开始实验。

⑥打开前期设计完成的 E-prime 实验程序，向被试者说明并解释实验指导语，大致内容如下："下面将呈现多张办公座椅图片，其价格、质量、品牌、功能等各项性能指标均一致，请根据座椅造

图 6-10　ERP 实验现场（注射导电膏）

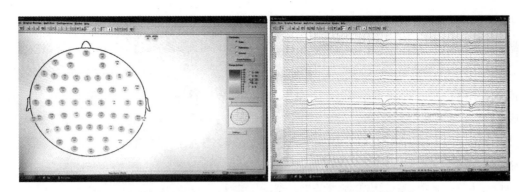

图 6-11　观察头皮电极点的接触情况（图中显示为接触状态良好）

型特征及个人喜好做出评价，如果您喜欢相应座椅，请按键盘上的数字 1；如果觉得座椅一般，请按 2；如果您觉得不喜欢，请按 3。实验过程中，请您尽量不要有大幅度的晃动，在感觉不过于疲劳的情况下，请您尽量少眨眼睛。图片数量较多，请您尽量集中精力认真快速地做出判断。实验期间设置了休息时间，请根据自身需要适当休息，休息结束，请按键盘任意键继续实验。"

⑦开始练习实验，以使得被试者熟悉整个实验流程，保证正式实验顺利开展。

⑧正式实验开始，主试者离开被试间。

每位被试者的整个实验过程所花时间约 50 min（包括数据采集时间）。

6.4.1.6　数据的获得与处理

采用 Brain Product 事件相关电位系统专用数据分析软件 Analyzer2.0 对记录的连续脑电离线分析，并经过以下步骤获取不同 HEJ 程度的座椅诱发 ERP 成分。

①整体观察各被试者的 EEG 波形情况，剔除因眨眼、肌电等噪声伪迹信号影响过强的数据，同时剔除因设备本身接触性问题及被试者自身原因导致的伪迹过高的数据。本实验参与的 24 人中，其中 2 名被试者（男女各 1 名）眨眼过于频繁且实验过程中有大幅度晃动，脑电波伪迹情况严重，因此在分析时将其剔除。另有 1 名女性被试者因头发过厚，电极与头皮接触不佳，脑电波形不稳定，因此将其数据也剔除。为保证男女性别平衡，再剔除 1 名脑电波漂移较大的男性被试者数据。

②变更参考电极（new reference）：ERP 电极帽默认以 FCz 作为参考电极，而实际研究中分析 ERP 波形时，大多是以左右耳部双侧乳突为参考电极，位置相当于 BP 电极帽 TP9、TP10，因此需根据实际要求更换参考电极。

③滤波（filters）：根据所需分析的信号频率，设定适当的波形带宽，滤除干扰信号。本研究设定波形带宽为 40 Hz（24 dB/oct）。

④眼电纠正（ocular correction）：本研究采用半自动去眼电（ICA）的方法，结合参考文献，将眼电纠正的参数设置为垂直眼电（VEOG）为 20 次眨眼，且每次眨眼持续时长 400 ms，水平眼电（HEOG）参数设置为每次眨眼的持续时长为 800 ms，对由被试者眨眼或眼动带来的肌电信

号干扰进行识别并纠正。

⑤分段（segmentation）：依据电极点的头皮分布及刺激类型的不同，将 recorder 连续记录的原始脑电波进行分段处理，且时间窗的设置需包含目标专注的 ERP 成分潜伏期。因此，本研究选择的分析时程设置为 200~1000 ms，即截取每个图片刺激开始呈现的前 200 ms 至刺激结束后的 1000 ms 作为相应刺激的目标分析时长（图6-12）。

⑥基线校正（baseline correction）：消除脑电波相对于基线的位置偏离。

⑦伪迹去除（artifact rejection）：去除由于设备或被试者动作带来的伪差信号以及部分高波幅慢电位伪迹。去除伪迹的数值设定在 ±50μv 之间，选择除眼电外的所有导联，将每段脑电中超出该范围的噪声信号剔除，不参与后期的叠加平均。

⑧叠加平均（average）：分别将和逸性程度高、中、低（即被试判断为喜欢、一般、不喜欢）

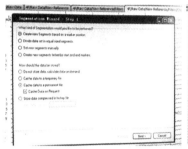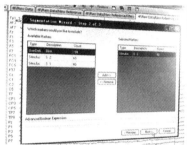

图 6-12　连续脑电的分段处理

的刺激图片的脑电数据进行叠加，进而得到相应条件下的 ERP 波形。

⑨总平均（group average）：分别将剔除数据后的 20 名被试者对办公座椅和逸性程度高、中、低刺激图片的脑电数据进行叠加总平均，进而得到总平均波形。图 6-13 为主要电极点的波形总平均图，图中 G、Z 和 D 分别指代办公座椅和逸性的高、中、低程度。

6.4.2　结果与分析

基于前期对被试者脑电数据的记录与分析，本研究采用潜伏期与峰值（峰振幅）测量指标。其中，潜伏期反映不同刺激条件下被试者的认知是否出现

延迟，延迟表示样本组内离散程度高，样本分组不合理；峰值反映不同刺激水平的差异强度，峰值强度差异显著表示样本组间差异化程度高，且组内离散程度小，即样本分组合理。以潜伏期和峰值作为因变量，用多因素方差分析（和逸性程度 × 性别）对和逸性程度、被试者性别及相互之间交互作用给 ERP 成分潜伏期和峰值带来的影响进行分析与比较。

提出零假设（H_0）：不同和逸性程度的座椅样本组对 ERP 成分的潜伏期和峰值未产生显著影响，即不同和逸性程度对相关 ERP 成分的潜伏期和峰值产生的效应同时为 0；被试者的不同性别未对相关 ERP 成分的潜伏期与峰值强度（峰振幅）

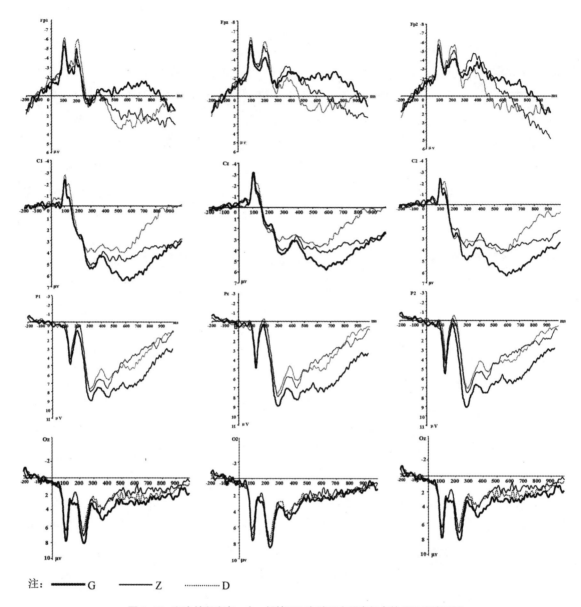

注：—— G —— Z ········· D

图6-13 和逸性程度高、中、低情况下各脑区主要电极点的总平均波形图

产生显著差异，即性别因素对 ERP 潜伏期和峰振幅的影响效应均为 0；不同和逸性程度与性别未对 ERP 成分潜伏期和峰振幅产生显著交互影响，即二者对潜伏期和峰振幅的交互效应均为 0。

结果评定：若不同和逸性程度因素对 ERP 成分的潜伏期和峰振幅的概率 p 值小于显著性水平 α（$\alpha = 0.05$），则拒绝 H_0，并认为不同和逸性程度下诱发的 ERP 成分潜伏期（峰振幅）总体均值间存在显著性差异，即不同和逸性程度样本组内具有一致性且组间特征具有显著差异性。对性别因素以及和逸性程度和性别对潜伏期（峰振幅）交互作用的判断采用同类原理进行推断。

6.4.2.1 ERP成分指标确立

结合以往视觉诱发情绪ERP的脑认知研究可知，与注意和情绪唤醒及被试心理因素最为密切的ERP成分包括P1、N1、P2、N2、P3等。根据ERP成分诱发呈现的时间及认知时期，可将以上典型ERP成分主要出现的脑区、时程及认知意义表征进行归纳，如表6-6所示。

其中，P1、N1及P2为外源性成分（生理性），受外界刺激物理属性的影响较大，且不添加目标刺激同样会出现相应成分，预设刺激可影响其潜伏期和峰值；N2与P3为内源性成分（心理性）与被试者的心理活动、注意力及精神状态等内容有关，且与认知行为及过程有密切关系，可用于决策过程中对认知功能的心理衡量（如对目标刺激对象的评价等反应的衡量）。

表6-6 典型ERP成分的相关属性

ERP成分	观察时程	相关脑区	典型认知意义
P1	90~150 ms（100 ms左右）	两侧枕区	被试者的心理唤醒状态以及注意产生
N1		额区、前额区及头后部枕区	注意类型的转变（消极、积极）；被试个体早期的寻求行为及刺激辨别；选择性注意
P2	160~250 ms（200 ms左右）	头前部（额区）与中央区域	被试者个体早期的寻求行为及刺激辨别
N2		额区及双侧后部（枕区）头皮	加强选择性注意的认知
P3	250~500 ms（一般在300 ms左右）	顶区、中央区	被试者在选择与决策过程中的认知功能

因此，本研究选择N2与P3两个ERP成分做深入分析与研究，通过对比ERP成分神经生理参数的变化，挖掘不同和逸性的座椅样本组对被试者心理认知产生的影响，并以此验证不同和逸性程度办公座椅样本组差异的显著性。

通过Analyzer2.0提取N2与P3成分的潜伏期和峰值数据，导入SPSS19.0进行重复测量方差分析。同时，将被试者各时期脑地形图及波形图做适当处理，以便于后期进行直观分析。

6.4.2.2 N2成分结果与分析

N2反映被试者认知中期对相关刺激的分辨与反应过程，其潜伏期基本稳定在200~300 ms之间，包括大脑前中、顶区负走向的波形。结合图6-13所示的各脑区主要电极点总平均波形图及图6-14被试者对各类型座椅认知脑地形图（蓝色区域为负波）可直观看出，额区及其周围是诱发N2成分的主要区域，因此，本研究选择观察的电极点为Fp1、Fpz、Fp2、AF7、AF3、AF4、AF8。根据其潜伏期时程特点，本研究选择观察时程区间为190~240 ms。

（1）N2潜伏期结果与分析

经多因素方差分析可得出以下结论（表6-8）。

①不同和逸性程度主效应对N2成分潜伏期不存在显著差异，$F=0.300$，$p>0.05$。但是进一步从表6-7潜伏期数据来看，被试者对不同和逸性程度的办公座椅样本组的认知加工并诱发出N2

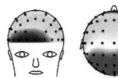

190 ms~240 ms

-5.00 μV   0.00 μV   5.00 μV

图 6-14　被试者认知过程的中期脑地形图（时间窗：190~240 ms）

成分的时间稍有不同，低和逸性程度（D）的加工时间长于中度和逸性（Z）且短于高和逸性（G）的时间（M_G=205.64 ms，M_Z=204.81 ms，M_D=206.71 ms）。

②不同性别的 N2 成分潜伏期主效应差异性非常显著，F=8.980，p<0.01。表明不同性别在 N2 成分加工时间上有明显差别。结合表 6-7 进一步研究发现，男性被试者诱发 N2 成分的加工时间显著低于女性（$M_男$=202.90 ms，$M_女$=208.62 ms），即女性对不同和逸性程度办公座椅产生负性情绪的认知加工过程较长。

③不同和逸性程度与性别对潜伏期的交互作用不显著，F=0.363，p>0.05，表明被试者的性别因素对不同和逸性程度的办公座椅脑认知加工时间不存在显著差异。

表 6-7　不同和逸性程度诱发的 N2 成分潜伏期

电极	性别	G		Z		D	
		均值 /ms	标准差	均值 /ms	标准差	均值 /ms	标准差
Fp1	男	201.60	10.95	202.00	9.21	202.40	11.96
	女	206.60	8.81	206.60	11.12	211.00	9.94
Fpz	男	202.80	8.50	196.00	6.07	204.00	13.20
	女	209.60	5.99	208.60	12.69	206.00	8.84
Fp2	男	203.20	8.90	201.60	11.48	209.60	11.81
	女	204.80	13.27	211.40	7.12	207.80	8.97
AF7	男	204.40	12.68	201.60	11.48	200.40	9.08
	女	205.20	9.04	211.40	7.12	208.80	11.59
AF3	男	202.00	11.70	198.80	4.66	198.80	10.72
	女	209.00	10.40	205.20	13.04	210.00	10.99
AF4	男	204.80	12.90	197.20	7.33	206.00	11.62
	女	213.00	6.88	212.40	6.45	212.00	11.66
AF8	男	203.60	12.89	208.00	9.12	210.80	11.44
	女	208.40	7.94	206.60	12.76	206.40	14.17

表 6-8　N2 成分潜伏期的主体间效应检验

因变量:N2 成分潜伏期

源	III 型平方和	df	均方	F	Sig.
校正模型	563.855a	5	112.771	2.061	0.085
截距	2540152.468	1	2540152.468	46430.571	0.000
和逸性程度	32.807	2	16.403	0.300	0.742
性别	491.291	1	491.291	8.980	0.004**
和逸性程度 × 性别	39.757	2	19.879	0.363	0.697
误差	2954.265	54	54.709	—	—

注:a.$R_{方}$=0.160(调整 $R_{方}$=0.083);** 表示差异性在 0.01 水平下非常显著。

(2)N2 成分峰值结果与分析

表 6-9　不同和逸性程度诱发的 N2 成分峰值

电极	性别	G		Z		D	
		均值 / μV	标准差	均值 / μV	标准差	均值 / μV	标准差
Fp1	男	-2.14	2.91	-2.97	3.32	-3.60	2.94
	女	-5.57	3.95	-7.91	3.89	-8.94	3.88
Fpz	男	-2.19	2.89	-2.76	3.00	-3.50	3.33
	女	-6.93	3.61	-9.11	4.01	-10.57	4.38
Fp2	男	-2.62	2.74	-3.25	3.26	-3.93	3.02
	女	-7.97	4.79	-8.95	4.66	-10.80	5.08
AF7	男	-2.04	2.46	-2.87	2.22	-3.67	2.14
	女	-3.54	3.15	-5.37	2.97	-7.58	2.55
AF3	男	-1.65	1.80	-2.15	2.30	-2.89	2.34
	女	-3.14	3.35	-5.19	3.43	-8.02	2.90
AF4	男	-1.73	2.45	-2.36	2.07	-2.96	2.31
	女	-4.33	3.52	-5.56	3.50	-7.19	4.34
AF8	男	-3.08	2.71	-3.97	3.11	-4.79	2.97
	女	-6.45	4.09	-8.14	4.07	-9.55	4.34

表 6-10　N2 成分峰值的主体间效应检验

因变量:N2 成分峰振幅

源	III 型平方和	df	均方	F	Sig.
校正模型	345.725a	5	69.145	7.356	0.000
截距	1527.828	1	1527.828	162.531	0.000
和逸性程度	61.060	2	30.530	3.248	0.047*
性别	273.451	1	273.451	29.090	0.000**
和逸性程度 × 性别	11.215	2	5.607	0.597	0.554
误差	507.611	54	9.400	—	—

注:a.$R_方$=0.405(调整 $R_方$=0.350);* 表示在 0.05 水平下差异显著;** 表示在 0.01 水平下差异非常显著。

经多因素方差分析可得出以下结论(表6-10)。

①不同和逸性程度主效应的 N2 成分峰值差异显著,F=3.248,$p<0.05$。表明被试者的大脑在加工不同和逸性程度的办公座椅时,诱发的 N2 成分峰值强度存在显著性差异。结合表 6-9 峰值数据进一步对比发现,和逸性程度越低其峰值越小,即 N2 成分峰振幅强度越高(M_G=-3.81 μV,M_Z=-5.04 μV,M_D=-6.29 μV)。这表明和逸性程度越低的办公座椅诱发被试者负性情绪的可能性越高。图 6-15 为不同和逸性程度下的前额区脑电平均波形图,N200 时间窗的峰值位置存在明显差异性。

②不同性别的 N2 成分峰值总体均值差异非常显著,F=29.090,$p<0.01$。表明不同性别的被试者的大脑在加工不同和逸性程度的办公座椅图片时,诱发的 N2 成分振幅强度存在非常显著的差异性。结合表 6-9 进一步统计与研究发现,男性被试者的 N2 成分峰振幅强度显著低于女性

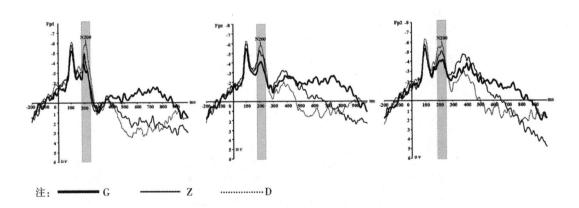

注: ——— G　　　——— Z　　　·········· D

图 6-15　不同和逸性程度下诱发的 N2 成分峰振幅强度对比(阴影部位为 N200 时间窗)

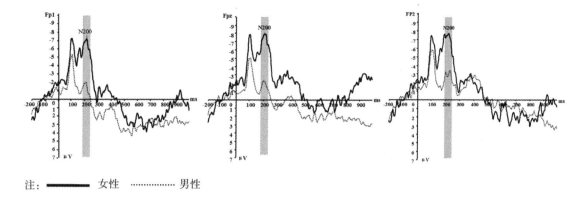

注：━━━━ 女性 ⋯⋯⋯⋯ 男性

图 6-16　男性、女性前额区代表性电极点平均波形图（N2 位置示意图）

（$M_男$=-2.91μV，$M_女$=-7.18μV），即女性对不同和逸性的办公座椅在认知加工过程中会产生较强的负性情绪反应，而男性则相对较弱。图 6-16 为男性、女性前额区代表性电极点（Fp1、Fp2 及 Fpz）平均波形图，图中所示的 N2 成分时间窗可直观看出，女性 N2 成分峰振幅均明显高于男性。

③不同和逸性程度与性别主效应对 N2 成分的峰振幅交互作用影响不显著，F=0.597，p>0.05。表明在诱发 N2 成分的过程中，不同和逸性程度的办公座椅在不同性别的脑认知过程中无显著差异，即不同性别对不同和逸性程度下的办公座椅具有相似的认知过程及情绪诱发状态。

6.4.2.3　P3 成分结果与分析

情绪相关图片诱发的 P3 成分是视觉注意维持的重要指标，是目前关注最多且最具研究价值的指标之一，它主要受相关刺激任务、动机意义、被试者情绪唤醒水平及相关因素对被试者认知资源分配的影响等。P3 成分反映了被试者大脑活动决策与注意状态，并从某方面指示了情感刺激与认知的选择过程。由于在刺激呈现之后的 300 ms 左右（通常在 300~500 ms 之间，有时在 300 ms 左右）产生，因此也被称作 P300。多数研究表示，P3 成分在大脑顶区与中央区峰值变化较为明显。如图 6-17 所示，本研究 290~420 ms 时间窗脑

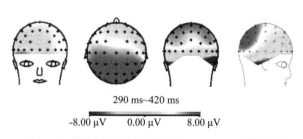

290 ms~420 ms

-8.00 μV　　0.00 μV　　8.00 μV

图 6-17　被试者认知过程时间窗为 290~420 ms 脑地形图

地形图也可直观看出，被试者大脑顶区与中央区的激活程度较高，而其他区域激活程度则相对较弱，因此结果分析所选择的主要电极基本分布在这两个脑区，观察电极点为 CP1、CP2、CP3、CP4、C1、Cz、C2、P1、Pz、P2。

（1）P3 成分潜伏期结果与分析

经多因素方差分析可得出以下结论（表6-12）。

①不同和逸性程度主效应对 P3 成分潜伏期不存在显著差异，$F=1.562$，$p>0.05$。进一步从表 6-11 潜伏期数据来看，被试者对不同和逸性程度的办公座椅图片的认知加工并诱发出 P3 的时间仅存在极小差异（$M_G=359.72$ ms，$M_Z=350.82$ ms，$M_D=357.37$ ms）。

②不同性别的 P3 成分潜伏期主效应差异不显著，$F=1.009$，$p>0.05$。表明不同性别在 P3 加工时间上没有明显差别。结合表 6-11 进一步统计并研究发现，男性被试诱发 P3 成分的加工时间稍低

表 6-11　不同和逸性程度诱发的 P3 成分潜伏期

电极	性别	G		Z		D	
		均值 /ms	标准差	均值 /ms	标准差	均值 /ms	标准差
C1	男	333.20	28.74	346.80	26.65	349.20	35.89
	女	385.80	42.98	330.00	23.07	364.20	44.78
Cz	男	361.20	44.95	347.60	27.11	347.60	38.79
	女	364.20	48.74	337.20	18.91	364.00	40.27
C2	男	353.60	39.70	357.60	38.07	356.80	37.98
	女	364.20	48.74	351.00	38.66	345.40	32.37
CP1	男	359.20	42.64	346.80	23.46	347.60	15.97
	女	350.00	34.79	344.20	18.65	362.40	43.09
CP2	男	356.80	41.60	346.00	24.59	358.00	31.47
	女	361.00	42.03	360.20	33.83	363.60	35.68
CP3	男	361.20	43.13	352.40	33.82	347.20	15.47
	女	351.00	33.64	371.40	33.13	366.00	40.65
CP4	男	362.40	32.67	351.60	36.33	346.80	21.52
	女	363.20	42.56	361.00	33.75	366.40	29.27
P1	男	368.40	36.03	347.60	21.88	349.20	16.09
	女	346.40	18.40	348.20	22.04	363.20	33.59
Pz	男	368.40	36.40	348.80	21.19	358.40	30.09
	女	362.00	34.74	350.20	19.52	365.40	32.96
P2	男	365.20	32.51	352.80	22.13	358.80	30.54
	女	357.00	39.92	365.00	34.33	367.20	30.32

表 6-12　P3 成分潜伏期的主体间效应检验

因变量:P3 成分潜伏期

源	III 型平方和	df	均方	F	Sig.
校正模型	10519.132a	17	618.772	0.672	0.827
截距	22800811.812	1	22800811.812	24745.174	0.000
和逸性程度	2877.800	2	1438.900	1.562	0.213
性别因素	929.384	1	929.384	1.009	0.317
P3 成分脑区	664.686	2	332.343	0.361	0.698
和逸性程度 × 性别因素	775.262	2	387.631	0.421	0.657
和逸性程度 ×P3 成分脑区	703.098	4	175.775	0.191	0.943
性别因素 ×P3 成分脑区	330.003	2	165.002	0.179	0.836
和逸性程度 × 性别因素 ×P3 成分脑区	4238.897	4	1059.724	1.150	0.335
误差	149270.781	162	921.425	—	—

注:a.$R_方$=0.066(调整 $R_方$=-0.032)。

于女性($M_男$=352.67 ms,$M_女$=357.75 ms),即女性认知加工过程较长。

③不同脑区主效应的 P3 成分潜伏期差异不显著,F=0.361,p>0.05,表明脑区因素对不同和逸性程度的办公座椅脑认知诱发 P3 成分的加工时间不存在显著差异。结合表 6-11 进一步统计并研究发现,脑部顶区诱发 P3 成分的加工时间稍长于 CP 区与中央区的加工时间($M_{顶区}$=357.90 ms,$M_{cp区}$=356.52 ms,$M_{中央区}$=353.31 ms)。

④不同和逸性程度与性别对 P3 成分潜伏期的交互作用不显著,F=0.421,p>0.05,表明被试者的性别因素对不同和逸性程度的办公座椅脑认知加工时间不存在显著差异。

⑤性别与脑区对 P3 成分潜伏期的交互作用不显著,F=0.179,p>0.05,表明不同性别被试者的认知过程在不同脑区诱发 P3 成分的加工时间无显著差异。

⑥和逸性程度、性别及脑区因素对 P3 成分潜伏期的交互作用不显著,F=1.15,p>0.05。表明不同性别被试者的认知过程中在不同脑区诱发 P3 成分的加工时间不存在显著差异。

（2）P3 成分峰值结果与分析

经多因素方差分析的主效应检验结果可得出以下结论(表 6-13)。

①和逸性程度主效应对 P3 成分峰值的影响差异性非常显著,F=8.414,p<0.01。表明大脑在加工不同和逸性程度的办公座椅时,诱发的 P3 成分峰振幅强度差异非常显著,且中度和逸性程度(Z)办公座椅图片诱发的 P3 峰值显著低于高度(G)与低度和逸性程度(D)座椅的峰值(M_G=6.87μV,M_Z=5.92μV,M_D=8.24μV,如表 6-14 所示)。图 6-18 为和逸性程度分别为高、中、低的中央区与顶区主要电极点平均波形对比图,阴影部位为 P3 成分(290~420 ms)时间窗,图中也可直观看出,低度和逸性程度的座椅诱

发的 P3 成分峰振幅显著高于中度与高度和逸性程　　度座椅所诱发的 P3 成分峰振幅。

表 6-13　P3 成分峰值的主体间效应检验

因变量:P3 峰值

源	III 型平方和	df	均方	F	Sig.
校正模型	896.169a	17	52.716	5.508	0.000
截距	8841.293	1	8841.293	923.832	0.000
和逸性程度	161.041	2	80.521	8.414	0.000**
性别因素	224.093	1	224.093	23.416	0.000**
P3 成分脑区	465.005	2	232.502	24.294	0.000**
和逸性程度 × 性别因素	7.313	2	3.657	0.382	0.683
和逸性程度 ×P3 成分脑区	11.687	4	2.922	0.305	0.874
性别因素 ×P3 成分脑区	25.328	2	12.664	1.323	0.269
和逸性程度 × 性别因素 ×P3 成分脑区	1.703	4	0.426	0.044	0.996
误差	1550.379	162	9.570	—	—

注:a. $R_方$=0.366（调整 $R_方$=0.300）;** 表示差异性在 0.01 水平下非常显著。

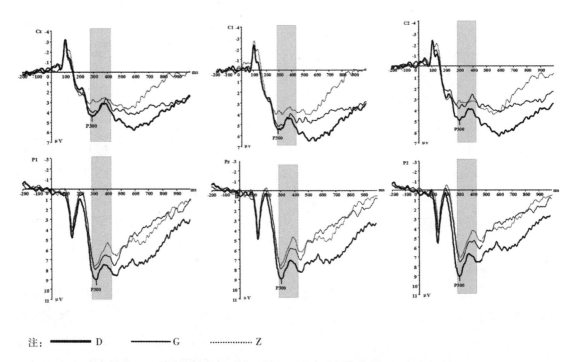

注：━━━ D　———— G　··············· Z

图 6-18　中央区与顶区主要电极点平均波形图（阴影部分为 P3 成分时间窗）

②脑区主效应对 P3 成分峰值的影响差异性非常显著，$F=24.294$，$p<0.01$。表明大脑在加工不同和逸性程度的办公座椅时，诱发的 P3 成分振幅强度存在显著差异。结合表 6-14 各电极点数指标进一步研究可知，顶区电极 P3 成分平均峰值 $M_{顶}$ =8.98 μV，CP 区该指标平均值为 $M_{CP区}$ =7.01 μV，而中央区 $M_{中央区}$ =5.04 μV，可见顶区的激活程度比 CP 区及中央区更强，且中央区的峰振幅强度最弱。

表 6-14 不同和逸性程度诱发的 P3 成分峰值

电极	性别	G		Z		D	
		均值 / μV	标准差	均值 / μV	标准差	均值 / μV	标准差
C1	男	4.96	3.35	4.22	3.47	5.91	3.35
	女	6.51	3.22	5.21	3.40	7.10	2.73
Cz	男	3.79	3.22	3.59	3.84	4.87	3.43
	女	5.56	4.01	4.01	3.95	5.97	3.69
C2	男	3.80	3.19	3.68	3.64	4.73	2.97
	女	5.79	2.42	4.70	3.43	6.36	1.80
CP1	男	5.87	3.04	5.45	3.17	8.01	3.63
	女	9.13	2.37	7.31	2.42	10.08	1.57
CP2	男	5.69	3.32	5.22	3.21	7.02	3.17
	女	8.43	2.32	7.03	3.32	9.59	2.46
CP3	男	5.55	2.40	4.54	2.22	7.20	3.07
	女	8.19	2.15	6.36	1.73	8.97	1.89
CP4	男	5.08	2.66	4.13	2.33	6.64	2.87
	女	7.50	3.72	6.47	3.52	8.53	3.90
P1	男	6.94	2.92	6.38	2.33	9.11	3.73
	女	10.25	4.08	9.25	3.60	12.31	3.67
Pz	男	6.76	3.00	6.46	2.81	8.71	3.59
	女	9.86	3.95	8.66	4.01	12.21	3.21
P2	男	6.78	3.09	6.90	2.40	8.70	3.49
	女	10.86	3.85	8.83	3.91	12.71	3.44

③性别因素主效应的 P3 成分峰值总体差异性非常显著，$F=23.416$，$p<0.01$。表明不同性别的被试者的大脑在加工办公座椅图片时，诱发的 P3 成分振幅强度差异性显著。结合表 6-14 进一步统计与研究发现，男性被试者的 P3 成分振幅强度低于女性（$M_{男}$ =5.89 μV，$M_{女}$ =8.12 μV），即女性在脑认知过程中产生的晚期正向情绪更强。图 6-19 为男性、女性顶区主要电极点（P1、Pz、P2）平均波形对比图，图中所示的 P3 成分位置可明显看出女性峰振幅明显高于男性。

④和逸性程度与性别两因素对 P3 成分峰值的交互作用影响不显著，$F=0.382$，$p>0.05$。表明

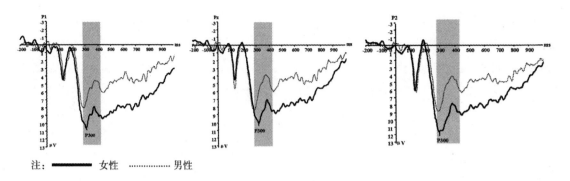

图 6-19 男性、女性顶区主要电极点平均波形对比图（阴影部分为 P3 成分时间窗）

不同性别与不同和逸性程度对 P3 成分峰振幅的交互作用差异不显著，在诱发 P3 成分的过程中，不同和逸性程度的办公座椅在不同性别的脑认知过程中无显著差异。

⑤脑区与性别两因素对 P3 成分峰值的交互作用影响不显著，$F=1.323$，$p>0.05$。表明在诱发 P3 成分的过程中，不同性别在不同脑区认知状态无显著差异。结合表 6-14 峰值数据指标可知，女性与男性的 P3 成分峰振幅在各个脑区的强度均为 $M_{顶区}>M_{CP区}>M_{中央区}$（$M_{顶区-男}=7.42\mu V$，$M_{CP区-男}=5.87\mu V$，$M_{中央区-男}=4.40\mu V$；$M_{顶区-女}=10.55\mu V$，$M_{CP区-女}=8.13\mu V$，$M_{中央区-女}=5.69\mu V$），因此认为，顶区是诱发 P3 成分的主要区域且峰振幅强度最高，CP 区次之，中央区最弱，且该特点与被试者的性别无关。

⑥脑区与和逸性程度因素对 P3 成分峰值的交互作用影响不显著，$F=0.305$，$p>0.05$。表明在诱发 P3 成分的过程中，不同和逸性程度的办公座椅在顶区、CP 区以及中央区诱发的 P3 成分峰振幅波动情况一致，即脑区与和逸性程度两因素对诱发 P3 成分不存在交互作用。

⑦和逸性程度、性别与脑区三因素对 P3

成分峰值的交互作用影响不显著，$F=0.044$，$p>0.05$，表明在诱发被试者脑电 ERP 中的 P3 成分过程中，和逸性程度、性别与被试者脑区三因素不存在交互作用，因此在进行相关认知研究时，可不考虑三者间的相互影响。

6.4.3　结果讨论

①N2 与 P3 成分在不同和逸性程度下的潜伏期指标不存在显著差异，且不受性别因素、脑区以及和逸性程度等交互作用的影响，因此认为被试者对不同和逸性程度的座椅样本组的评价判断不存在时间延迟，即样本组内离散程度小。

②相关研究表明，N2 成分的唤醒反应可在与情绪相关的图片呈现过程中自主出现，它可以反映刺激的情绪效价，且在加工消极情绪的刺激时，N2 成分峰振幅会相对增强[138]。结合本研究选择的前额区 N2 成分，结果显示：加工和逸性程度较高（G）的座椅样本组图片诱发产生的 N2 成分峰振幅显著低于和逸性程度较低（D）的办公座椅样本组的诱发值，且性别因素以及性别与和逸性程度的交互作用均对该指标不存在显著影响，即和逸性

程度是影响 N2 成分峰值强度的唯一因素。

③ Cuthbert[141] 的研究发现，与中性的刺激图片相比，带有情感刺激的图片可观察到较为显著的 P3 成分。Schupp 等人[142] 的实验结果表明，愉悦与非愉悦的景观图片比中性图片更会诱发明显的 P3 等晚正成分，且 Flaisch[143] 等人的实验也反映了与上述研究一致的结果。本研究关注的 P3 成分峰值结果显示，和逸性程度较低（D）与较高（G）的职员座椅样本组图片均比中度和逸性程度（Z）的图片诱发了更大的 P3 成分峰振幅，其中和逸性程度较低的图片样本诱发的振幅值最大，说明加工和逸性程度较低的职员座椅图片时的脑电强度更大。此外，脑部顶区均值比中央区振幅均值更大，且性别因素及各因素的交互作用影响均不显著。说明顶区 P3 成分峰值强度受和逸性程度影响差异显著，且和逸性程度因素是影响该结果的主要指标。

综合以上研究可知：该研究结果表明办公座椅和逸性程度的高、中、低三个样本组之间的差异性显著，验证了前期办公座椅整体和逸性特征调研、分析与样本分组结果的有效性。因此，相应样本可为后期办公座椅的设计提供模型参照。

此外，三类不同和逸性程度的办公座椅样本组诱发的 ERP 成分特征及脑区分布与已有的视觉诱发情绪 ERP 的研究成果基本吻合，其相应脑电成分的特征均未出现较大差异，可认为办公座椅和逸性程度的高、中、低与认知情绪的积极、中性与消极存在某种对应关系。因此，ERP 分析获得的数据指标可以作为人与办公座椅和逸性程度或办公座椅情绪类型的甄别指标，并可将该研究拓展到更为广泛的家具情绪认知研究领域，为家具产品的情绪识别提供评定依据。

6.5　本章研究方法与结果

本章在前期研究的基础上，从整体认知角度挖掘用户与办公座椅在不同和逸性程度下的整体造型信息特征，试图将离散的座椅造型设计要素进行集合化处理，进而建立具有不同和逸性造型特征的职员座椅样本组，同时采用认知心理学实验 E-prime 确立代表性样本的高信度，并进一步采用事件相关电位技术验证了调研结果及样本分组的有效性。研究方法与结果总结如下。

（1）问卷调查法挖掘不同和逸性程度的办公座椅造型特征

结合前文对职员座椅造型要素、视觉认知规律及单一变量和逸性认知的研究结果，从座椅整体视觉造型构成角度着手，运用问卷调查将离散的设计要素与用户感性认知信息相对应并量化，通过数据的统计、筛选与最终确定，形成基于初期感性认知的职员座椅造型形态。

①"高和逸性程度"的造型特征：矩形、梯形等长靠背形态搭配 S 形、J 形或微弧形侧面轮廓，其填充效果不限制，且靠背最好与座面贴近或分离，并搭配 T 形、一字形等扶手以及除椭圆形座面以外的其他座面形态，可设置贴近式头靠，椅腿任意选择。此外，梯形短靠背搭配微弧形侧面轮廓，设置分离式头靠，其他造型要素与长靠背形态的组合类似，也可实现座椅与用户心理的和逸性。

②"中和逸性程度"的造型特征：梯形或倒梯形短靠背形态搭配曲线侧面轮廓（微弧形、J 形），无头靠，靠背与座面的关系、扶手与腿部支撑形态可任意设置。

③"低和逸性程度"的造型特征：正方形、短矩形以及椭圆形等类型靠背，直线形侧面轮廓，靠背与座面的关系为一体化或分离，填充效果、座面形态以及腿部支撑形态任意设置，无扶手且无头靠。

根据以上结果，在前期样本库中筛选或重构座椅样本，初步确立涵盖不同和逸性程度（高、中、低）的职员座椅典型样本组，每组筛选 15 张代表性样本图片。

（2）E-prime 实验确立高信度和逸性样本组

结合认知心理学专用软件 E-prime 软件将前期调查报告初期筛选与重构的高、中、低三组不同和逸性程度下的职员座椅进行分别编码，寻找多名被试者进行相关行为实验。结合 E-Prime 记录的被试者反应时及正确率，剔除反应时过长且正确率偏低的座椅模型，进而对其进行再次筛选与确定，最终形成可信度较高的三种不同和逸性程度的座椅图片样本组，每组图片由 15 张缩减为 10 张。

（3）事件相关电位技术进行不同和逸性程度样本组的差异化验证

以三组不同和逸性程度的座椅样本组为刺激素材，探测 N2、P3 两个 ERP 成分的潜伏期与峰值指标，对不同和逸性程度、被试者性别、脑区及相互之间的交互作用给 ERP 成分的潜伏期和峰值带来的影响进行分析，并结合经典视觉诱发脑电 ERP 成分研究成果，深入探讨不同和逸性程度下的认知特征差异。

①N2 与 P3 成分在不同和逸性程度下的潜伏期指标不存在显著差异，认为被试者对不同和逸性座椅样本组的评价判断不存在时间延迟。

②被试者认知和逸性程度较高的座椅样本组诱发的 N2 成分峰值显著低于和逸性程度较低的样本组诱发值，且性别因素以及性别与和逸性程度的交互作用均对该指标不存在显著影响，即和逸性程度是影响 N2 成分峰值强度的唯一因素。

③和逸性程度较低与较高的座椅样本组图片均比中度和逸性程度的图片诱发了更大的 P3 成分峰值振幅，其中和逸性程度较低的图片样本诱发的 P3 成分峰值最大，说明加工和逸性程度较低的职员座椅图片时的脑电强度更大。此外，脑部顶区均值比中央区振幅均值更大，且性别因素及各因素的交互作用影响均不显著。说明顶区 P3 成分峰值强度受和逸性程度影响差异显著。

因此，该成果从更深层次表明办公座椅和逸性程度的高、中、低三个样本组之间的差异性显著，表明同等和逸性程度的组内离散性程度较小，验证了前期办公座椅整体和逸性特征调研、分析与样本分组结果的有效性。相应样本组可为后期办公座椅的设计提供模型参照。

结论、局限与展望

结论

局限

展望

7.1 结论

和逸性（HEJ）理论是面向人为世界（man-made world）的研究，它基于设计实践又服务于设计实践，是设计实践的反思与综合，更是理论的提升与研究方法论的再度构建。就本研究而言，采用科学的实验研究范式，强调在已有设计案例的基础上，结合跨学科理论支撑，探索现有办公座椅产品不同形态要素的 HEJ 程度及整体视觉 HEJ 特征，进而提出设计建议与案例模型。

本书主要解决以下几个基本理论与实践问题：一是视觉 HEJ 理论及其认知评价方法，这是将 HEJ 理论引入家具设计领域并开展相应研究的基础；二是在视觉认知规律及视觉选择性注意（VSA）的影响下，办公座椅各造型单元在人的视觉作用下呈现的关注模式，并进一步确立视觉优势部位，视觉优势部位的形态要素是影响用户视觉 HEJ 评价的主要单元；三是办公座椅视觉优势部位不同形态要素的视觉 HEJ 评价，此类基于设计案例与样本的分析可为后期座椅设计提供参照模型；最后则是办公座椅整体视觉 HEJ 特征，构建高、中、低三种程度的 HEJ 样本组，并验证其差异性和有效性，为办公座椅产品设计提供参照样本。

针对以上研究问题，本文采用了"文献研究""眼动分析法""主观评价（主要用 SD 法）""问卷调查""E-prime"及"事件相关电位研究"等方法，根据具体问题设计具体素材，并在定量与定性综合分析的基础上，逐一解决问题并明确相应结论。

主要成果如下。

①明确了视觉 HEJ 理论内涵及认知评价方法。

文献研究指出，HEJ 理论是基于特定环境下，产品各项属性满足用户生理与心理诉求，实现人-产品在特定环境中的和谐、融洽。而视觉 HEJ 是以用户视觉感知系统为基础，在视觉认知规律及选择性注意（VSA）的影响下，产品视觉界面（色彩、形态及材质等）的信息表征与用户的审美及愉悦性心理一致。同时指出，视觉和逸性评价是基于用户生理、心理及行为三个层面的论证基础，可采用主观与客观评价的综合研究方法进行 HEJ 论证，从而更加理性而科学地探索相应产品的视觉 HEJ。其中眼动记录技术结合主观评价以及事件相关电位技术（ERP）是从生理基础出发探讨用户的心理表征，是视觉 HEJ 研究切实可行的论证手段。

②明确了办公座椅造型要素及其视觉形态，并用眼动记录技术获取了办公座椅的视觉特性。

调研获取以职员座椅为代表的图片 133 张，经形态分析法解构发现，职员座椅可分为靠背、座面、扶手、座椅调节装置及腿部支撑结构等造型单元；各单元拥有不同的视觉形态要素，其中靠背有不同立面形态（正方形、矩形、梯形、倒梯形及椭圆形，且在尺度方面有长、短差异）、不同侧面轮廓形态（直线形、微弧形、J 形及 S 形）以及不同的填充效果（封闭密实型及网格通透型）；座面形态有矩形、马蹄形以及椭圆形；扶手形态有 T 形、

办公座椅形态要素的视觉和逸性研究

倒 L 形、一字形、三角形以及圆角三角形等多种类型，部分座椅因考虑成本问题或其他造型设计原因而并未设置扶手；座椅调节装置有简单型与复杂型两种；腿部支撑设计要素主要表现为椅脚的形态表征，它主要表现为椅脚五爪的不同造型，包括五爪直立、贴地或抓地三种视觉形态；此外，各造型单元的相互关系仍是影响职员座椅造型的重要视觉要素之一，其中以头靠与靠背之间的关系（贴近、分离或无头靠）以及靠背与座面构件的视觉关系（一体化、贴近或分离）表现突出。

同时，眼动研究发现：被试者对无扶手无头靠、有扶手无头靠以及有扶手有头靠办公座椅的视觉轨迹分别呈现自上而下（靠背→座面→底座）、自上而下再向上转移（靠背→扶手→底座→座面）以及整体自上而下再向上转移（靠背→头靠→扶手→底座→座面）的视觉规律及运动模式；靠背获得被试者较早且较长时间的关注，扶手与头靠次之，而腿部支撑及座面获得的关注程度最低；办公座椅各造型要素对座椅整体的审美影响程度主观评价结果为靠背＞扶手＞头靠＞座面＞底座，即靠背构件的造型形态对座椅整体审美的影响程度较高，扶手与头靠仅次之，而被试者普遍认为座面与底座的形态对座椅视觉美感影响度相对较弱。以上结果表明，办公座椅座面以上造型单元（靠背、扶手及头靠）处于被试者视觉优势位置，且对座椅整体视觉审美的影响程度较高，尤其以靠背部位的视觉优势最为明显，这为后期 HEJ 研究奠定了基础。

③眼动研究结合主观评价获取了办公座椅优势部位形态要素的视觉 HEJ。

选择靠背视觉属性、扶手形态及靠背与座面、靠背与头靠之间的连接关系等形态要素进行深入探讨。通过分析眼动 AOI 转移矩阵、首视时刻及时长等指标判断被试者的视觉识别过程，并进一步分析其视觉形态鲜明度及被试者的感兴趣程度；通过观察被试者对各 AOI 的注视频率、注视时间及注视时间比重等相关指标判断对各 AOI 的关注程度，并深层识别被试者的审美偏好。同时结合主观喜好度评价指标，判断被试者对相应造型要素形态的潜在视觉 HEJ，为办公座椅的设计提供相应参照。主要结论如下：就靠背立面而言，"椭圆形"梯形短靠背及矩形靠背的视觉 HEJ 程度较高；"正方形"及"倒梯形"视觉 HEJ 程度较低。就靠背侧面轮廓而言："S 形"HEJ 程度最高；"微弧形"与"J 形"的 HEJ 处于较高或中等状态，且二者差异性不显著；"直线形"的 HEJ 最低。就靠背填充效果而言："网格通透型"的视觉 HEJ 高于"封闭密实型"。就靠背与座面连接关系而言："贴近式"的潜在视觉 HEJ 最高，而"分离式"与"一体式"渐次降低。就靠背与头靠连接关系而言："长靠背与头靠贴近式"以及"短靠背与头靠分离式"的视觉鲜明程度较高，"长靠背与头靠分离式"以及"短靠背与头靠贴近式"为一般水平，"无头靠"相对较低。就扶手形态而言："一字形""T 形"与"倒 L 形"的视觉形态处于较高 HEJ 程度，"三角形"处于一般水平，"圆形三角形"及"无扶手"形态相对较低。

以上研究成果可为基于用户视觉 HEJ 的办公座椅造型设计提供模型参照。

调查研究获取了办公座椅整体视觉 HEJ 特征，事件相关电位实验验证了调查结果的可信度及有效性。

具有高 HEJ 程度的办公座椅造型形态表现为：矩形、梯形等长靠背形态搭配 S 形、J 形或微弧形侧面轮廓，其填充效果不限制，且靠背最好与座面贴近或分离，并搭配 T 形、一字形等扶手以及除椭圆形座面以外的其他座面形态，可设置贴近式头靠，椅腿任意选择。而具有中 HEJ 程度的座椅特征为：梯形或倒梯形短靠背形态搭配曲线侧面轮廓（微弧形、J 形），无头靠，靠背与座面的关系、扶手与腿部支撑形态可任意设置。低 HEJ 程度的座椅造型为：正方形、短矩形以及椭圆形等短靠背，直线形侧面轮廓，靠背与座面的关系为一体化或分离，填充效果、座面形态以及腿部形态任意设置，无扶手且无头靠。选取不同和逸性程度的样本，根据 E-prime 实验获取被试群体对各样本的反应时和正确率，确立信度较高的样本组。以此为素材，采用事件相关电位实验探测 ERPs 内源性成分中 N2 与 P3 成分的潜伏期和峰值，对代表性样本组间差异性进行验证后发现：N2 与 P3 成分在不同 HEJ 程度下的潜伏期不存在显著差异；同时 N2 成分的峰值强度随 HEJ 程度的降低而增强，且不受性别因素以及性别与和逸性程度的交互影响；此外，HEJ 程度较高与低状态下的样本均诱发较强的 P3 成分峰值，且 HEJ 程度低的样本组诱发 P3 成分峰值最强，而中 HEJ 程度样本组的 P3 成分峰值最弱，这与经典视觉诱发情绪 ERPs 的研究成果吻合。因此，相应座椅样本组可为后期办公座椅的设计提供模型参照，相应验证方法可为家具产品的设计评价提供理论参照。

本研究创新点在于：一是较早提出将 HEJ 理论引入家具设计研究范畴，可为家具产品的理论研究带来新的思路；二是较早将跨学科领域相关研究范式（眼动研究、ERP 等）引入家具产品研究，拓展了相应研究方法，并证实了认知心理学领域相关实验手段引入家具设计研究范畴的可行性；此外，相应的研究思路及方法可为其他领域产品设计研究提供理论参照；同时，研究成果可为办公座椅的设计开发提供案例参照。

7.2 局限

①本研究针对办公座椅造型要素及其视觉形态做了定性与定量的分析与研究，然而整体的视觉和逸性是关乎座椅整体属性的感性意象认知结果，不仅包括造型与视觉形态，座椅的材料选择、质感以及色彩等因素也具有极为重要的作用，因此，在后期研究中将进一步拓展相应范畴。

②研究过程中相关实验（如眼动实验、E-prime 实验及 ERP 实验等）均以图片和模型样本为主，透视角度及视觉观察方式均会影响被试者的认知能力，尤其是对造型要素视觉形态的判断与

评价，因此，在后续的研究工作中需加大对产品实物的现场综合研究工作。

③ ERP 实验是典型的认知心理学研究的常用手段，在认知科学领域已经相当成熟。然而其相关领域的研究成果极为丰厚，本研究并未能广泛地对比或采纳相关结论，因此，需更深层次地挖掘 ERP 相关成分及其表征，使得家具设计相关内容借助认知心理学领域基础理论进行更为深入的科学解释成为可能。

7.3　展望

本研究以职员办公座椅作为研究实例，采用一系列探讨其和逸性表征的方法与手段，建立不同和逸性程度的座椅样本组，并以此为刺激素材，利用 ERP 技术挖掘不同和逸性状态下的脑认知特征，进一步验证了前期研究的可信度及有效性。利用此类研究手段，后期的研究方向可沿以下几个方向延伸。

①造型要素确立及样本组建立方面，可借助 WEKA 平台或 Java 语言编写程序进行数据挖掘，从更为理性而缜密的处理手段获得更具高信度的造型要素及形态分析，并进而实现更为理想的样本组构建效果。

②本研究从和逸性理论出发，利用 ERP 技术验证了不同和逸性程度下的脑认知特征具有显著性差异，且不同和逸性程度下的相关 ERP 成分数据指标与经典的视觉诱发 ERP 成分特征相似。因此，后期可直接从家具产品的情绪研究入手，探讨不同造型家具产品诱发的用户脑认知特性，进而为挖掘更符合用户感性情绪需求的家具产品提供参照。

③本研究主要以办公座椅的视觉造型为目标研究对象，在系统地进行家具情感化研究中，可将刺激源拓展到其他家具类型或家具产品相关的其他因素（如色彩搭配、材质选择等）上，以充实和完善家具产品研究与评价体系。

附　录

附录一　职员办公座椅图片素材样本库

附录二 视觉特性的眼动研究图片素材与评价量表

2.1 实验图片素材

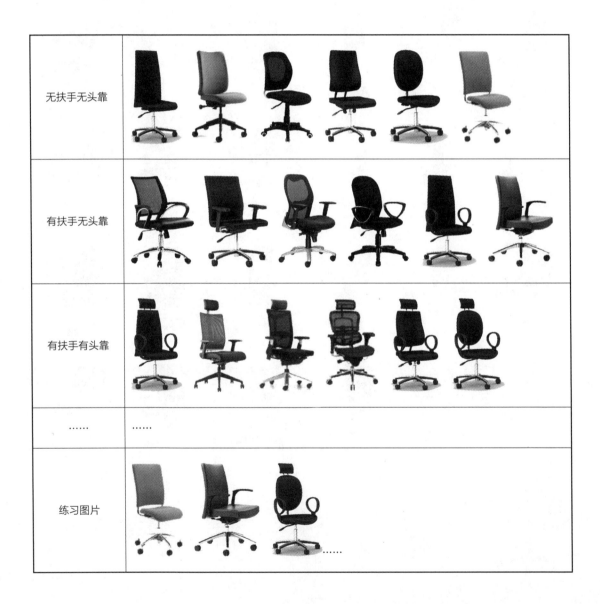

无扶手无头靠	
有扶手无头靠	
有扶手有头靠	
……	……
练习图片	

2.2　主观评价量表

您好！　请您在结束眼动实验后填写本量表。

填写要求：请根据您自己的视觉偏好，评价办公座椅六类造型设计要素的视觉形态对座椅整体的视觉审美影响程度，如果您认为某一造型要素对座椅产品的审美影响程度较高，请勾选较高的数值，反之则选择较低数值。

本量表用于学术课题研究，请认真填写。

非常感谢！

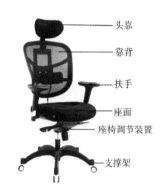

头靠
靠背
扶手
座面
座椅调节装置
支撑架

	非常低　低　较低　一般　比较高　高　非常高
头靠对座椅整体的审美影响	-3　　-2　　-1　　0　　1　　2　　3
靠背对座椅整体的审美影响	非常低　低　较低　一般　比较高　高　非常高 -3　　-2　　-1　　0　　1　　2　　3
座面对座椅整体的审美影响	非常低　低　较低　一般　比较高　高　非常高 -3　　-2　　-1　　0　　1　　2　　3
扶手对座椅整体的审美影响	非常低　低　较低　一般　比较高　高　非常高 -3　　-2　　-1　　0　　1　　2　　3

续表

座椅调节装置对座椅整体的审美影响	非常低	低	较低	一般	比较高	高	非常高
	-3	-2	-1	0	1	2	3
支撑架对座椅整体的审美影响	非常低	低	较低	一般	比较高	高	非常高
	-3	-2	-1	0	1	2	3

办公座椅形态要素的视觉和逸性研究

附录三　不同造型要素的视觉和逸性主观评价

3.1　靠背立面形态主观评价量表

您好！　请您在结束眼动实验后填写本量表。

填写要求：请根据您自己的心理需求，对下列各办公座椅做出审美喜好度及使用倾向的主观评价，如果您对某一座椅产品的喜好程度高（或倾向于选择使用该座椅），请勾选较高的数值，反之则选择较低数值。

本量表用于学术课题研究，请认真填写，非常感谢！

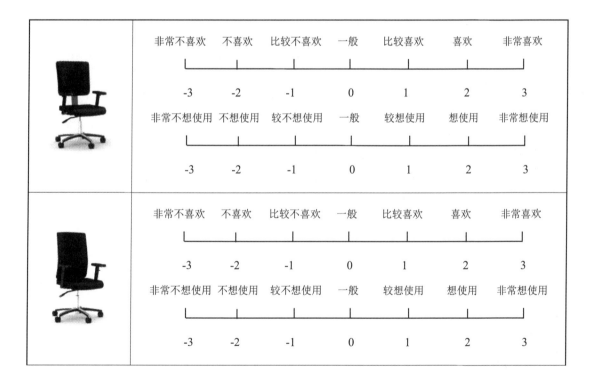

续表

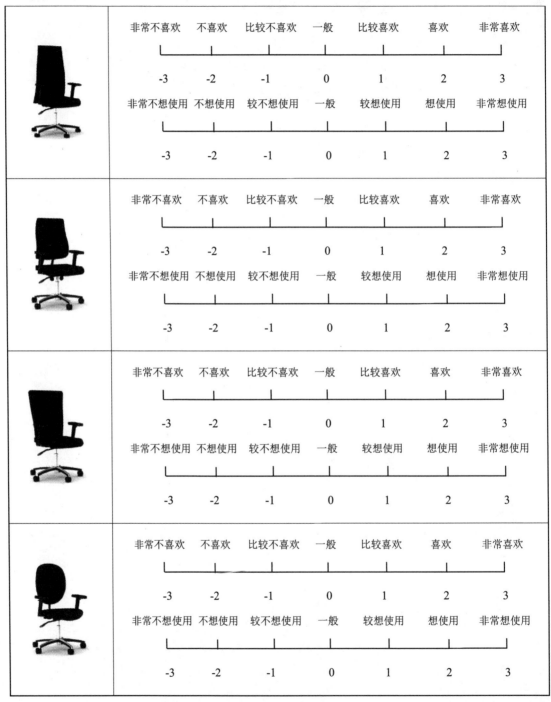

<table>
<tr><td></td><td colspan="7">

非常不喜欢　不喜欢　比较不喜欢　一般　比较喜欢　喜欢　非常喜欢

　　-3　　　-2　　　-1　　　0　　　1　　　2　　　3

非常不想使用　不想使用　较不想使用　一般　较想使用　想使用　非常想使用

　　-3　　　-2　　　-1　　　0　　　1　　　2　　　3
</td></tr>
<tr><td></td><td colspan="7">

非常不喜欢　不喜欢　比较不喜欢　一般　比较喜欢　喜欢　非常喜欢

　　-3　　　-2　　　-1　　　0　　　1　　　2　　　3

非常不想使用　不想使用　较不想使用　一般　较想使用　想使用　非常想使用

　　-3　　　-2　　　-1　　　0　　　1　　　2　　　3
</td></tr>
<tr><td></td><td colspan="7">

非常不喜欢　不喜欢　比较不喜欢　一般　比较喜欢　喜欢　非常喜欢

　　-3　　　-2　　　-1　　　0　　　1　　　2　　　3

非常不想使用　不想使用　较不想使用　一般　较想使用　想使用　非常想使用

　　-3　　　-2　　　-1　　　0　　　1　　　2　　　3
</td></tr>
<tr><td></td><td colspan="7">

非常不喜欢　不喜欢　比较不喜欢　一般　比较喜欢　喜欢　非常喜欢

　　-3　　　-2　　　-1　　　0　　　1　　　2　　　3

非常不想使用　不想使用　较不想使用　一般　较想使用　想使用　非常想使用

　　-3　　　-2　　　-1　　　0　　　1　　　2　　　3
</td></tr>
</table>

办公座椅形态要素的视觉和逸性研究

3.2 靠背侧面轮廓形态的主观评价量表

您好！ 请您在结束眼动实验后填写本量表。

填写要求：请根据您自己的审美偏好，对下列各办公座椅做出审美喜好主观评价，如果您对某一座椅产品的喜好程度高，请勾选较高的数值，反之则选择较低数值。

本量表用于学术课题研究，请认真填写，非常感谢！

	非常不喜欢　不喜欢　比较不喜欢　一般　比较喜欢　喜欢　非常喜欢
	-3　-2　-1　0　1　2　3
	非常不喜欢　不喜欢　比较不喜欢　一般　比较喜欢　喜欢　非常喜欢 -3　-2　-1　0　1　2　3
	非常不喜欢　不喜欢　比较不喜欢　一般　比较喜欢　喜欢　非常喜欢 -3　-2　-1　0　1　2　3
	非常不喜欢　不喜欢　比较不喜欢　一般　比较喜欢　喜欢　非常喜欢 -3　-2　-1　0　1　2　3

附
录

3.3 靠背填充效果的主观评价量表

您好！ 请您在结束眼动实验后填写本量表。

填写要求：请根据您自己的审美偏好，对下列各办公座椅做出审美喜好主观评价，如果您对某一座椅产品的喜好程度高，请勾选较高的数值，反之则选择较低数值。

本量表用于学术课题研究，请认真填写，非常感谢！

	非常不喜欢	不喜欢	比较不喜欢	一般	比较喜欢	喜欢	非常喜欢
	-3	-2	-1	0	1	2	3
	非常不喜欢	不喜欢	比较不喜欢	一般	比较喜欢	喜欢	非常喜欢
	-3	-2	-1	0	1	2	3
	非常不喜欢	不喜欢	比较不喜欢	一般	比较喜欢	喜欢	非常喜欢
	-3	-2	-1	0	1	2	3
	非常不喜欢	不喜欢	比较不喜欢	一般	比较喜欢	喜欢	非常喜欢
	-3	-2	-1	0	1	2	3

3.4 靠背与座面关系的主观评价量表

您好！ 请您在结束眼动实验后填写本量表。

填写要求：请根据您自己的审美偏好，对下列各办公座椅做出审美喜好主观评价，如果您对某一座椅产品的喜好程度高，请勾选较高的数值，反之则选择较低数值。

本量表用于学术课题研究，请认真填写，非常感谢！

	非常不喜欢	不喜欢	比较不喜欢	一般	比较喜欢	喜欢	非常喜欢
	-3	-2	-1	0	1	2	3
	非常不喜欢	不喜欢	比较不喜欢	一般	比较喜欢	喜欢	非常喜欢
	-3	-2	-1	0	1	2	3
	非常不喜欢	不喜欢	比较不喜欢	一般	比较喜欢	喜欢	非常喜欢
	-3	-2	-1	0	1	2	3

3.5　靠背与头靠关系的主观评价量表

您好！ 请您在结束眼动实验后填写本量表。

填写要求：请根据您自己的审美偏好，对下列各办公座椅做出审美喜好主观评价，如果您对某一座椅产品的喜好程度高，请勾选较高的数值，反之则选择较低数值。

本量表用于学术课题研究，请认真填写，非常感谢！

	非常不喜欢	不喜欢	比较不喜欢	一般	比较喜欢	喜欢	非常喜欢
	-3	-2	-1	0	1	2	3

	非常不喜欢	不喜欢	比较不喜欢	一般	比较喜欢	喜欢	非常喜欢
	-3	-2	-1	0	1	2	3

	非常不喜欢	不喜欢	比较不喜欢	一般	比较喜欢	喜欢	非常喜欢
	-3	-2	-1	0	1	2	3

	非常不喜欢	不喜欢	比较不喜欢	一般	比较喜欢	喜欢	非常喜欢
	-3	-2	-1	0	1	2	3

办公座椅形态要素的视觉和逸性研究

续表

	非常不喜欢　不喜欢　比较不喜欢　一般　比较喜欢　喜欢　非常喜欢
	-3　　　-2　　　-1　　　0　　　1　　　2　　　3
	非常不喜欢　不喜欢　比较不喜欢　一般　比较喜欢　喜欢　非常喜欢 -3　　　-2　　　-1　　　0　　　1　　　2　　　3

3.6 扶手形态的主观评价量表

您好！ 请您在结束眼动实验后填写本量表。

填写要求：请根据您自己的审美偏好，对下列各办公座椅做出审美喜好主观评价，如果您对某一座椅产品的喜好程度高，请勾选较高的数值，反之则选择较低数值。

本量表用于学术课题研究，请认真填写，非常感谢！

	非常不喜欢	不喜欢	比较不喜欢	一般	比较喜欢	喜欢	非常喜欢
	-3	-2	-1	0	1	2	3

	非常不喜欢	不喜欢	比较不喜欢	一般	比较喜欢	喜欢	非常喜欢
	-3	-2	-1	0	1	2	3

	非常不喜欢	不喜欢	比较不喜欢	一般	比较喜欢	喜欢	非常喜欢
	-3	-2	-1	0	1	2	3

	非常不喜欢	不喜欢	比较不喜欢	一般	比较喜欢	喜欢	非常喜欢
	-3	-2	-1	0	1	2	3

续表

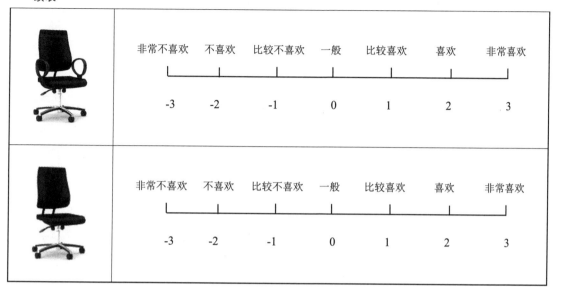

	非常不喜欢	不喜欢	比较不喜欢	一般	比较喜欢	喜欢	非常喜欢
	-3	-2	-1	0	1	2	3

	非常不喜欢	不喜欢	比较不喜欢	一般	比较喜欢	喜欢	非常喜欢
	-3	-2	-1	0	1	2	3

附

录

附录四　整体视觉和逸性特征调查问卷

　　首先，感谢您在百忙之中接受这份问卷调查。

　　以下是关于职员办公座椅外观造型特征的设计意象调查问卷，请您结合工作日常所见的座椅或是您曾使用的座椅情况，按照您的个人偏好，用最为直接的感觉判断去选择"非常喜欢""一般"以及"不喜欢"的办公座椅造型设计方案。您只需在下面表格中写出所列选项编码即可。请保证您的选项可以重新组合成一把完整的职员办公座椅。

　　如：以靠背形状为例，共有 8 个可选目录，分别是长矩形（A1）、短矩形（A2）、正方形（A3）、长梯形（A4）、短梯形（A5）、长倒梯形（A6）、短倒梯形（A7）、椭圆形（A8），请直接在相应栏目中填写编码即可。

　　注意：每一类喜好程度的座椅设计方案可不止一种，请做好相应标记。

您的个人信息：

性别：□男　　　　　□女　　　专业：_____　　　年龄：_____

再次感谢您的支持！

设计项目	类目					
（A）靠背立面形状	长矩形（A1）	短矩形（A2）	正方形（A3）	长梯形（A4）	短梯形（A5）	长倒梯形（A6）
	短倒梯形（A7）	椭圆形（A8）				
（B）靠背侧面轮廓	直线形（B1）	S形（B2）	J形（B3）	微弧形（B4）		
（C）靠背填充效果	网格通透型（C1）	封闭密实型（C2）				
（D）头靠与靠背关系	相连或相接（D1）	独立（D2）	无（D3）			
（E）座面形状	矩形（E1）	马蹄形（E2）	椭圆形（E3）			

设计项目	类目					
（F）靠背与座面的关系	一体式（F1）	贴近式（F2）	分离式（F3）			
（G）扶手	T形（G1）	倒L形（G2）	一字形（G3）	三角形（G4）	圆角三角形（G5）	无（G6）
（H）座椅调节装置	简易型（H1）	复杂型（H2）				
（I）椅脚	五爪贴地（I1）	五爪抓地（I2）	五爪直立（I3）			

请根据个人喜好，直接做出判断，将各类目编码填写在下表：

偏好程度	编码
非常喜欢	
一般	
不喜欢	

附录五　不同和逸性程度的代表性座椅图片样本组

5.1　不同和逸性程度下的职员座椅初选图片

和逸性程度	编码					
	1	2	3	4	5	6
高						
	7	8	9	10	11	12
	13	14	15			
	16	17	18	19	20	21
中						

和逸性程度	编码					
中	22	23	24	25	26	27
	28	29	30			
低	31	32	33	34	35	36
	37	38	39	40	41	42
	43	44	45			

办公座椅形态要素的视觉和逸性研究

5.2 基于 E-prime 的不同 HEJ 程度的办公座椅高信度样本组图片

和逸性程度	编码				
高	1	2	3	4	5
	6	7	8	9	10
中	11	12	13	14	15
	16	17	18	19	20

续表

和逸性程度	编码				
	21	22	23	24	25
低					
	26	27	28	29	30

参考文献

[1] BURKE A. The challenge of seating selection[J]. Occupational Health & Safety，2000，69(4)：70-71.

[2] SCHULZE L. Workstation ergonomics[J]. Professional Safety，2000，45(12)：12-13.

[3] 肖艳荣. 座椅舒适度与人体工程学 [J]. 铁道车辆，1997，35(5)：32-34.

[4] 罗仕鉴. 基于生物学反应的驾驶舒适度研究 [D]. 杭州：浙江大学，2005.

[5] ZHANG L，HELANDER M G，DRURY C G. Identifying factors of comfort and discomfort in sitting[J]. Human Factors：The Journal of Human Factors and Ergonomics Society，1996，38(3)：377-389.

[6] 张明明. 产品包装设计中的情感传达 [J]. 包装世界，2007(5)：90-92.

[7] 郑海标. 造器宜人之道 [D]. 苏州：苏州大学，2014.

[8] 朱广华. 马斯洛高峰体验思想的美学价值研究 [D]. 桂林：广西师范大学，2013.

[9] 贾园园. 交互设计中愉悦要素的研究 [D]. 长沙：中南大学，2008.

[10] 罗仕鉴，潘云鹤. 产品设计中的感性意象理论、技术与应用研究进展 [J]. 机械工程学报，2007(3)：8-13.

[11] 李月恩，王震亚，徐楠. 感性工程学 [M]. 北京：海洋出版社，2009，10.

[12] 张秦玮. 产品多目标意象造型进化设计研究 [D]. 兰州：兰州理工大学，2014.

[13] 吴杜. 感性设计过程中的映射方法研究 [D]. 天津：天津大学，2011.

[14] 张书涛. 基于认知思维的产品意象造型智能设计 [D]. 兰州：兰州理工大学，2014.

[15] KROMER K，KROMER H，KROMER-ELBERT K. Ergonomics—how to design for ease and efficiency[M]. New Jersey：Prentice Hall，2000.

[16] LEE K S，WAIKAR A M，WU L. Physical stress evaluation of microscope work using objective and subjective methods[J]. International Journal of Industrial Ergonomics，1988，2(3)：203-209.

[17] 万毅. 人性化家具功能尺寸设计系统研究 [D]. 南京：南京林业大学，2005.

[18] CHARLOTTE F，PETTER F. 论椅子设计的多样性 [J]. 彭亮，张响三，译. 家具与室内装饰，2002(1)：

16-19.

[19] SHACKEL B，CHIDSEY K D，SHIPLEY P. The assessment of chair comfort[J]. Ergonomics，1969，12(2)：269-306.

[20] MEHTA C R，TEWARI V K. Seating discomfort for tractor operators—a critical review[J]. International Journal of Industrial Ergonomics，2000，25(6)：661-674.

[21] DIEBSCHLAG W，MUELLER-LIMMROTH W. Physiological requirements on car seats：some results of experimental studies[J]. Human Factors in Transport Research，1980(2)：223-230.

[22] THAKURTA K，KOESTER D，BUSH N，BACHLE S. Evaluating short and long term seating comfort[C]. International Congress & Exposition，1995.

[23] YOSHIO YAMADA, MASAO OWAKI, TOMIKO MORI, KAZUHIRO FUKUMOTO, SHIGEYOSHI MIURA, MASAKO FURUTA, MASAHIRO MATSUYAMA. Advanced seat fabrics with high performance deodorant function[J]. JSAE Review，2000，21(4)：543-547.

[24] REED M，SAITO M，KAKISHIMA Y，LEE NS，SCHNEIDER LW. An investigation of driver discomfort and related seat design factors in extended-duration driving[C]. SAE International International Congress & Exposition-Technical Paper Series，1991.

[25] LEE J，FERRAIUOLO P. Seat comfort[C]. International Congress & Exposition，1993.

[26] 汪洋，陈斌，李云. 国内外办公椅人体工学分析 [J]. 硅谷，2013(13)：138+141.

[27] 朱郭奇，孙林岩，孙林辉，等. 电脑工作座椅工效学结构改善设想 [J]. 人类工效学，2011(4)：44-47+32.

[28] 张启亮，杨伟. 办公座椅设计中人体工程学分析 [J]. 兰州工业高等专科学校学报，2011(4)：52-54.

[29] 张丹丹. 办公座椅设计中的人机工程学应用 [D]. 北京：北京林业大学，2008.

[30] 陈玉霞，申黎明，郭勇. 基于体压分布的腰枕大小对坐姿舒适性影响的研究 [J]. 西北林学院学报，2008(3)：185-187.

[31] 宋海燕，张建国，王芳. 坐高变化对人体坐姿体压分布的影响 [J]. 天津科技大学学报，2012(6)：57-60.

[32] 陈玉霞，申黎明，郭勇，等. 基于体压分布的沙发座深对坐姿舒适性影响的研究 [J]. 西北林学院学报，2009(5)：152-156.

[33] 陈玉霞，申黎明，郭勇，等. 基于体压分布的床垫舒适性评价方法探讨 [J]. 安徽农业大学学报，2013(6)：1063-1066.

[34] 肖海燕. 基于人因学理论对家用洗衣机操作界面的和逸性设计研究 [D]. 西安：西安建筑科技大学，2007.

[35] 赵立杉. 基于用户模型理论的手机和逸性研究 [D]. 西安：西安建筑科技大学，2007.

[36] 陈小娟. 基于人机工程学的饮水系统与环境和逸性研究 [D]. 西安：西安建筑科技大学，2010.

[37] 马静. 基于人机交互理论的卧室空气调节设施与卧室建筑的和逸性研究 [D]. 西安：西安建筑科技大学，2010.

[38] 张怡雯. 基于工业设计心理学理论采暖装置与室内环境的和逸性研究 [D]. 西安：西安建筑科技大学，2013.

[39] 姚孟良 . 基于人机交互理论对人与整体橱柜的和逸性研究 [D]. 西安 : 西安建筑科技大学，2008.

[40] 丁成富 . 基于视觉心理理论的厨房环境与厨具的共融性研究 [D]. 西安 : 西安建筑科技大学，2008.

[41] 李永锋，朱丽萍 . 基于模糊层次分析法的产品配色设计 [J]. 机械科学与技术，2012(12).

[42] 孙菁，陈安全，王少梅 . 基于遗传神经网络的产品配色设计 [J]. 工程设计学报，2007(3).

[43] 郑琳琳 . 浅析产品设计的价值工程意识 [J]. 邵阳学院学报 (自然科学版)，2005(1).

[44] 薄瑞峰，李瑞琴 . 模糊数据包络分析法在产品方案评价中的应用 [J]. 机械设计与研究，2011(3).

[45] 原思聪，江祥奎，段志善，等 . 基于灰色系统理论的机械产品设计综合评价 [J]. 计算机工程与应用 .

[46] EGETH H E, YANTIS S. Visual attention: control, representation, and time course[J]. Annual Review of Psychology, 1997, 48(1): 269-297.

[47] WEDEL M, PIETERS R. Eye fixations on advertisements and memory for brands: a model and findings[J]. Marketing Science, 2000, 19(4): 297-312.

[48] YANTIS S. Control of visual attention[J]. Attention, 1998, 1(1): 223-256.

[49] YANTIS S, EGETH H E. On the distinction between visual salience and stimulus-driven attentional capture[J]. Journal of Experimental Psychology: Human Perception and Performance, 1999, 25(3): 661-676.

[50] PIETERS R, WARLOP L, WEDEL M. Breaking through the clutter: benefits of advertisement originality and familiarity for brand attention and memory[J]. Management Science, 2002, 6(48): 765-781.

[51] THEEUWES, JAN. Endogenous and exogenous control of visual selection[J]. Perception, 1994, 23(4): 429-440.

[52] 程利，杨治良，王新法 . 不同呈现方式的网页广告的眼动研究 [J]. 心理科学，2007(3): 584-587+591.

[53] 陈劲，徐飞，陈虹先 . 应聘简历色彩搭配的眼动研究 [J]. 心理科学，2009(6): 1423-1426.

[54] 姚海娟，钟青青，白学军 . 平面手机广告认知效果的眼动评价 [J]. 包装工程，2011(6): 1-4+14.

[55] 王雪艳，白学军，梁福成 . 科普杂志目录编排效果的眼动研究 [J]. 心理与行为研究，2005(1): 49-52.

[56] 喻国明，汤雪梅，苏林森，等 . 读者阅读中文报纸版面的视觉轨迹及其规律：一项基于眼动仪的实验研究 [J]. 国际新闻界，2007(8): 5-19.

[57] 闫国利，熊建萍，臧传丽，等 . 阅读研究中的主要眼动指标评述 [J]. 心理科学进展，2013(4): 589-605.

[58] 闫国利，巫金根，胡晏雯，白学军 . 当前阅读的眼动研究范式述评 [J]. 心理科学进展，2010(12): 1966-1976.

[59] 张毅 . 网页广告背景组合方式对网页用户体验的眼动评估 [D]. 天津 : 天津师范大学，2015.

[60] 杨海波，段海军 . MP3 播放器外观设计效果的眼动评估 [J]. 心理与行为研究，2005(3): 199-204.

[61] 邢强，王佳，谢睿颢 . 手机外观的眼动评价——来自大学生群体的数据 [J]. 心理研究，2008(4): 55-59.

参 考 文 献

[62] 姚海娟，李晖，杨海波，等．基于眼动记录技术的手机键盘界面设计 [J]. 包装工程，2011(14)：36-39.

[63] 付炜珍，代小东，丁锦红．眼睛运动参数评价产品外观的可行性 [J]. 中国临床康复，2005(28)：1-3.

[64] 熊建萍，何苗．明式和清式家具审美偏爱的眼动研究 [J]. 社会心理科学，2010(Z1)：114-118.

[65] 陈高杰．基于眼动分析的柜类家具外观设计评估研究 [D]. 南京：南京林业大学，2010.

[66] 马平．椅子形态与人的视觉感受性的科学研究 [D]. 南京：南京林业大学，2009.

[67] 巴尔斯．认知、脑与意识：认知神经科学导论 [M]. 北京：科学出版社，2008：369-388.

[68] KUTAS M, HILLYARD S A. Event-related brain potentials to grammatical errors and semantic anomalies[J]. Memory and Cognition, 1983, 11(5): 539-550.

[69] 吕佳，陈东生．情绪的事件相关电位在服装设计中的应用 [J]. 纺织学报，2012, 33(2)：151-156.

[70] 黄志华，李明泓，马原野，等．事件诱发电位信号分类的时空特征提取方法 [J]. 生物化学与生物物理进展，2011(9)：866-871.

[71] 沈江涛．基于汉语听觉认知的事件相关电位的研究 [D]. 天津：河北工业大学，2011.

[72] STEVEN LUCK 著．事件相关电位基础 [M]. 范思陆，等，译．上海：华东师范大学出版社，2009：3-4.

[73] 陈默，王海燕，薛澄岐，等．基于事件相关电位的产品意象：语义匹配评估 [J]. 东南大学学报（自然科学版），2014(1)：58-62.

[74] 唐帮备，郭钢，王凯，等．联合眼动和脑电的汽车工业设计用户体验评选 [J]. 计算机集成制造系统，2015(6)：1449-1459.

[75] 孙小莉．品牌熟悉度对品牌延伸评估影响的神经机制研究 [D]. 杭州：浙江大学，2015.

[76] 吕佳．基于事件相关电位技术的服装情绪研究 [D]. 无锡：江南大学，2014.

[77] 王淼．基于工业设计心理学的汽车内饰设计的和逸性研究 [D]. 西安：西安建筑科技大学，2009.

[78] 辛路娟．基于工业设计心理学的家庭视听环境和逸性研究 [D]. 西安：西安建筑科技大学，2011.

[79] 王苏．认知心理学 [M]. 北京大学出版社，2006.

[80] 戈尔茨坦．认知心理学 [M]. 张明，译．中国轻工业出版社，2015.

[81] 申黎明，等．人体工程学：人·家具·室内 [M]. 北京：中国林业出版社，2010.

[82] 程瑞香，等．室内与家具设计人体工程学 [M]. 北京：化学工业出版社，2008.

[83] 黄书进．回归生活 [M]. 北京：经济科学出版社，1999.

[84] 张小平，张阿维，孙亚宁．产品的易用性设计 [J]. 陕西科技大学学报，2006(5)：146-148.

[85] 李珍．浅谈产品易用性设计的影响因素 [J]. 大众文艺（理论），2009(7)：87.

[86] 曾凡利．产品设计模型易用性研究 [D]. 昆明：昆明理工大学，2012.

[87] 谢麒．以"用户体验"为中心的设计思维与方法 [J]. 装饰，2006(4)：113-114.

[88] 陈祖建，郑郁善. 基于消费者产品意象的家具外观设计评价指标分析 [J]. 福建林学院学报，2010(4)：367-374.

[89] 刘涛. 工业设计概论 [M]. 北京：冶金工业出版社，2010.

[90] 程能林. 工业设计概论 [M]. 长沙：湖南大学出版社，2006.

[91] 金海明，申黎明，宋杰. 基于肌电信号的按摩椅按摩效应评价研究 [J]. 包装工程，2014，35(2)：28-31.

[92] 杨钟亮，孙守迁，陈育苗. 基于 sEMG 的按摩椅绩效人机评价模型实验研究 [J]. 中国机械工程，2012，23(2)：220-224.

[93] NEIL R C. Foundations of Physiological Psychology[M]. Boston：Allyn & Bacon，1999.

[94] BUCK, ROSS. The biological affects: a typology[J]. Psychological Review, 1999, 106(2): 301-336.

[95] IZARD C E. Levels of emotion and levels of consciousness[J]. Behavioral and Brain Sciences, 2007, 30(1): 96-98.

[96] 刘叔成，夏之放，楼昔勇. 美学基本原理 [M]. 上海：上海人民出版社，1984：294.

[97] HELANDER M G, KHALID H M. Affective and Pleasurable Design[M]. John Wiley & Sons, Ltd, 2006.

[98] 周美玉. 感性设计 [M]. 上海：上海科学技术出版社，2011.

[99] PICARD R W. Affective Computing[M]. Cambridge：The MIT Press，1997.

[100] NAGAMACHI M. Kansei engineering：a new ergonomic consumer-oriented technology for product development[J]. International Journal of Industrial Ergonomics，1995，15(1)：3-11.

[101] WARTENBERG T E, WARTENBERG. The nature of art: an anthology[M]. Beijing：Peking University Press，2002.

[102] 陈锁. 基于视觉心理理论的空调与家居客厅环境的和逸性研究 [D]. 西安：西安建筑科技大学，2007.

[103] 孙林岩，崔凯，孙林辉. 人因工程 [M]. 北京：科学出版社，2011.

[104] 范嘉苑. 家具的色彩语录 [J]. 现代装饰（家居），2015(10)：138-145.

[105] 宁海林. 审美心理机制：基于阿恩海姆视知觉形式动力理论的解读与思考 [J]. 西北大学学报（哲学社会科学版），2016，46(3)：154-158.

[106] 鲁道夫·阿恩海姆. 艺术与视知觉 [M]. 成都：四川人民出版社，1998.

[107] 王晴. 浅析网页设计的秩序与灵动 [J]. 艺术与设计（理论版），2015(12)：36-38.

[108] THEEUWES, JAN. Stimulus-driven capture and attentional set：selective search for color and visual abrupt onsets[J]. Journal of Experimental Psychology, 1994, 20(4): 799-806.

[109] THEEUWES, JAN. Exogenous and endogenous control of attention：the effect of visual onsets and offsets[J]. Perception & Psychophysics, 1991, 49(1): 83-90.

[110] 刘春强. 视觉选择性注意在网页交互界面设计中的应用研究 [D]. 无锡：江南大学，2014：10.

[111] 冯冲 . 界面中的注意力设计 [D]. 北京：北京交通大学，2012.

[112] SCHERER K R, SCHORR A, JOHNSTONE T. Appraisal Processes in Emotion: Theory, Methods, Research[M]. New York and Oxford:Oxford University Press, 2001.

[113] ISHIARA I, NISHINO T, MATSUBARA Y, et al. Kansei and Product Development (In Japanese)[M]. Tokyo: Kaibundo Publishing, 2005.

[114] IRIS B M, MICHAEL D R. Measures of emotion:a review[J]. Cognition and Emotion, 2009, 23(2): 209-237.

[115] OSGOOD C E, SUCI G J, TANNENBAUM P H. The Measurement of Meaning[M]. USA: University of Illinois Press, 1967.

[116] LIKERT R A. A Technique for the measurement of attitudes[J]. Archives of Psychology, 1932, 140(1): 1-55.

[117] DESMET PMA, HEKKERT P. Emotional Reactions Elicited by Car Design: A Measurement Tool for Designers[M]. Düsseldorf: ISATA, 1998.

[118] MEHRABIAN A, RUSSELL J A. An Approach to Environment Psychology[M]. Cambridge: the MIT Press, 1974.

[119] BRADLEY M M, LANG P J. Measuring emotion: the self-assessment manikin and the semantic differential[J]. Journal of Experimental Psychiatry and Behavior Therapy, 1994, 25(1): 49-59.

[120] DAMASIO A. The Feeling of What Happens: Body and Emotion and in the Making of Consciousness[M]. San Diego:Harcourt Brace, 1999.

[121] 卞迁，齐薇 . 当代眼动记录技术述评 [J]. 心理研究，2009，2(1)：34-37.

[122] 荆其诚 . 人类的视觉 [M]. 北京：科学出版社，1987.

[123] KLIMESCH W. EEG alpha and theta oscillations reflect cognitive and memory performance:a review and analysis[J]. Brain Research Reviews, 1999, 29(2): 169-195.

[124] KOSTYUNINA M B, KULIKOV M A. Frequency characteristics of EEG spectra in the emotions[J]. Neuroscience and Behavioral Physiology, 1996, 26(4): 340-343.

[125] BOS D O. EEG-based emotion recognition[J]. The Influence of Visual and Auditory Stimuli, 2006(1): 1-17.

[126] JENKINS S, BROWN R, RUTTERFORD N. Comparison of thermographic, EEG and subjective measures of affective experience of designed stimuli[C]. 6th Design and Emotion Conference, Hong Kong, 2008.

[127] 蔡文欢 . 现代办公椅形态设计要素与感性意象关联性研究 [D]. 南京：南京林业大学，2013.

[128] 丁利敏 . 办公转椅的模块化设计开发研究 [D]. 无锡：江南大学，2008.

[129] CHAN C S. Exploring individual style in design[J]. Environment and Planning B: Planning & Design,

1992，19(5)：503-523.

[130] CHAN C S. Operational definitions of style[J]. Environment and Planning B: Planning & Design，1994，21(2)：223-246.

[131] 陈明，张国大，郭玲 . 形态分析法在设计中的应用 [J]. 辽宁工学院学报，2003，23 (2)：39-40.

[132] 张华 . 家具感性意象认知及其影响机制研究 [D]. 长沙：中南林业科技大学，2014.

[133] 陈玉霞，周毅 . 眼动技术在现代家具创新设计中的应用研究 [J]. 安徽农业大学学报，2012，39(2)：306-310.

[134] 周鹏生 . 眼动实验中的操作和数据统计 [J]. 中国现代教育装备，2009(9)：43-45.

[135] 程时伟，石元伍，孙守迁 . 移动计算用户界面可用性评估的眼动方法 [J]. 电子学报，2009，37(4)：146-150.

[136] 王凤娇，田媚 . 基于眼动数据的分类视觉注意模型 [J]. 计算机科学，2016，43 (1)：85-88.

[137] ETCOFF N L, MAGEE J J. Categorical perception of facial expressions[J]. Cognition, 1992, 44(3): 227-240.

[138] 魏景汉，罗跃嘉 . 事件相关电位原理与技术 [M]. 北京：科学出版社，2010：16-26.

[139] JASPER H H. The ten-twenty electrode system of the international federation[J]. Electroencephalograph Clin Neurophysiol, 1958, 10: 371-375.

[140] VOGEL E K, LUCK S J. The visual N1 component as an index of a discrimination process[J]. Psychophysiology, 2000, 37(2): 190-203.

[141] CUTHBERT B N, SCHUPP H T, BRADLEY M M, et al. Brain potentials in affective picture processing: covariation with autonomic arousal and affective report[J]. Biological Psychology, 2000, 52(2): 95-111.

[142] SCHUPP H T, JUNGHOFER M, WEIKE A I, et al. Attention and emotion: an ERP analysis of facilitated emotional stimulus processing[J]. Neuroreport, 2003, 14(8): 1107-1110.

[143] FLAISCH T, STOCKBURGER J, SCHUPP H T. Affective prime and target picture processing: an ERP analysis of early and late interference effects[J]. Brain Topography, 2008, 20(4): 183-191.

后记

2010年6月，我从中南林业科技大学工业设计专业本科毕业，并获得本校硕士研究生推免资格，于是在同年9月，继续在本校家具与艺术设计学院进行研究生阶段的深造学习。在我研一的某个时间，学院购置了加拿大 Eyelink II 眼动仪，这个心理学领域常用的实验设备吸引了我的注意力。好奇心带领我学习了眼动研究在中国设计学领域的应用范式和方法，自己着手设计实验、操作仪器、分析数据，对一个个眼动仪分析出来的结果满心欢喜。在这些研究的基础上，研二我申请了第一个科技创新项目，组建小团队继续挖掘眼动研究在设计领域应用的可能性。也是研二这一年，在小团队研究成果积累的同时，我又获取了本校家具与室内设计工程硕博连读的机会，这给了我更好的平台和更多的时间继续从事相关研究工作。

在读博士期间，我到南京林业大学家居与工业设计学院学习了一段时间，主要是在人机工学实验室系统学习眼动、肌电、体压等相关实验研究，与同专业博士共同探讨了实验研究手段应用于家具造型设计评价的模式。在学习的过程中，我接触了脑电研究在心理学领域的应用，通过阅读大量相关文献得知，该方法在设计学领域的方案设计评价研究方面具有较高的可行性和客观性。这是因为用户识别产品设计方案，是通过心理认知获取产品信息，并以此为刺激源，诱发用户对相关设计方案产生愉悦感或排斥感，这一过程是认知心理学研究范畴，可以通过相应方法获取用户认知特征。于是，我进入河南大学认知心理学实验室学习相应实验方法和数据分析方法，并开启了相应跨学科方法的实验研究。

本书的核心部分是我博士在读期间完成的，是博士论文的主体内容。在本书出版之际，首先感谢我的导师刘文金教授，他在我学业上的督导启发及人生中的点滴示范，点燃了我对学术的兴趣，也奠基了我对人生的信念。亲见刘老师待人接物的仁爱宽博，对学术的严谨慎思，任课时的循循善诱，以及生活中的平和睿智，让我深深体得古人"厚德载物"的境界。书不尽言、言不尽意。如今我也已为人师，刘老师实乃终身典范。感谢师母唐立华教授对我生活与学习的关怀和鼓励，唐老师朴实无华、平易近人的风范，不仅让我感受到了慈母般的细腻关爱，更有朋友般的信任与依赖。在此，谨向两位恩师表示最崇高的敬意和衷心的感谢！同时，衷心感谢中南林业科技大学家具与艺术设计学院为我提供了良好的求知与深造平台，让我的认知视野得以开阔并逐渐感悟科学的精神。感谢所有教导和帮助过我的各位老师：李克忠教授、戴向东教授、孙德林教授、李赐生教授、袁进东教授、李敏秀副教授、刘宗明教授、常霖老师以及王顿老师等。他们的教导使我的学习与工作都受益匪浅。还要特别感谢南京林业大学申黎明教授以及河南大学朱湘茹副教授、王恩国教授对我论文实验工作的指导与帮助。感谢一直关心与支持我的同学与好友：张颖、方菲、余婴姿、曾茂芳、邹欣语、汪澄、肖志会等。虽然不在身边，但每一个鼓励与关怀的问候都给了我无比深切的感动与力量。

感谢我现在的工作单位湖南科技大学给我继续从事教学和科研的机会，感谢院领导和同事们对我的鼓励和支持，尤其感谢吴志军院长对我工作的指导和帮助。感谢我的研究生龙万里和袁欣两位同学对书中图片文件的辛苦处理工作。感谢湖南大学出版社胡建华老师、汪斯为编辑对本书出版给予的支持和帮助。还要特别感谢我的父母与亲人，是你们让我在求学之路获得鼓舞和激励，是你们给我无私的爱与关怀，感谢你们的坚持陪伴，我将用更积极向上的心对待人生，珍惜我们生活的每一时刻。此外，还要感谢坚韧的自己。清华大学校长陈吉宁曾说，平庸与卓越的差别不在天赋而在坚持，恭喜自己获得了这份最宝贵的经历。科研的世界里没有卑微与失败，每一个经历都值得珍惜，我会带着感恩和期待继续前行。本书中引用了许多国内外专家学者的资料和研究成果，在此一并表示谢意！

因本书为设计学与心理学交叉学科实验研究的尝试，且因我的学识水平与时间的限制，书中很多地方还有待改进、完善和进一步研究，疏漏、错误和不妥之处在所难免，敬请广大读者理解并指正。

杨 元

2021 年 9 月于湖南科技大学立志楼

后 记